JC総研ブックレット No.19

よそ者と創る新しい農山村

田中 輝美◇著
小田切 徳美◇監修

はじめに

本書のねらい

明治期以降、日本社会は基本的に人口の増加が続いてきました。しかし、２０１１年以降は人口が継続的に減少し、本格的な人口減少社会に突入しています。かつて経験したことのない局面を迎えているのです。

これは、日本社会において農山村の位置付けが変わることを意味しています。これまで農山村は「過疎化」や「限界集落」といった言葉に代表されるように、人口減少に直面し続けてきました。地域の疲弊が報告され、ときには「お荷物」とすら言われたこともありました(注1)。しかし、人口減少社会という前提に立てば、農山村は「先行地域」となり、過疎地域が「最先端」となります。位置付けが１８０度変わる、逆転すると言ってよいでしょう。今こそ農山村に着目する意味がここにあります。

農山村の現場に目を転じれば、「田園回帰」と呼ばれる新しいうねりが起こっています。都市に暮らす人々の農山村への関心が高まり、実際に移住する人が増えているのです。これまで中心となっていた、のんびりとした田舎暮らしに憧れを持つ人々だけではなく、農山村を自己実現や課題解決にチャレンジできる場としてとらえる若い世代も多く含まれています。農山村に向けるまなざしが変わってきています。

コミュニティの閉鎖性が指摘されてきた農山村では、移住者は「よそ者」として、かつては警戒されがちな存在でした。しかし、近年では農山村再生の決め手は「よそ者、若者、ばか者」であるとも言われるなど、人口減少による慢性的な担い手不足を背景に、期待を集めるようになっています。

実際、全国各地の農山村で多様なよそ者との共創による地域再生が見られるようになってきました。例えば、過疎という言葉の発祥地とされ、全国の都道府県でもっとも人口減少が進んでいる島根県。10年間で400人以上のIターン者を呼び込んだ離島の島根県海士（あま）町では、こうしたIターン者の力を借り、過疎化で廃校寸前だった県立隠岐島前（おきどうぜん）高校が復活して生徒数とクラス数が増えました。

そのほかにも再生の事例は存在していますが、まだ新しいということもあり、どんな人材、つまり、よそ者が移住してきて、どんなプロセスで再生に至ったのかなど、詳しい様子はあまり明らかになっていないのが実情です。そのため、海士町の例も、「あれは、離島だからできた」「あそこには、あの人がいたからできた」などと一地域の特殊な事例として扱われ、他地域では再現性がないと受け止められることも少なくありません（注2）。

島根県に生まれ育った私は、地元紙の記者として、人口減少の最先端で奮闘する農山村の住民とよそ者の取材を重ねてきました。本書では、海士町の事例も踏まえながら、さらに視野を広げて、多様なよそ者と共創している島根県江津（ごうつ）市の事例を紹介します。この2つの事例を通じて、今、どんなよそ者が農山村に移住しているのか、そしてどうやって住民と農山村再生にチャレンジしているのか、その実相に迫り、新しい農山村の姿を展望してみたいと思います。

（注1）中国新聞社編『中国山地（下）』未来社、1968年、364頁参照。
（注2）山内道雄・岩本悠・田中輝美『未来を変えた島の学校――隠岐島前発ふるさと再興への挑戦』岩波書店、2015年、Ⅷ頁。

本書の構成

そこで、本書は次のような組み立てにしました。

まずⅠでは、今なぜ、農山村でよそ者が着目されているのか、その背景を考えます。次にⅡでは、廃校寸前の高校が復活した海士町のケースを概観し、続くⅢで、ビジネスプランコンテストの開催を通して起業するUIターン者を多く呼び込み、その波及効果もあって空き家が次々と再生されていった島根県江津市に着目します。なぜよそ者は江津市を選んで移住してくるのか、また、よそ者が実際に現場でどのような活動を行っているのか、よそ者を受け入れる地域住民や行政担当者の姿も交えながら、そのプロセスを描き出します。その実態を受けてⅣで農山村に移住するよそ者の特徴を整理した上で、Ⅴでよそ者との新しい地域づくりを進める上でどのようなことを大切にしたらよいのか、農山村に求められる条件についてまとめ、よそ者と新しい農山村を創る方法と戦略についても考えてみたいと思います。

なお、本書における農山村とは、過疎地域、農村、山村、漁村などとも呼ばれる、何らかの条件不利性を持ち、人口減少が進んでいる地域を幅広く表現する総称としています。

I　なぜ今よそ者との農山村再生なのか

1 「消滅」という危機

明治期以降、基本的に人口の増加が続いてきた日本社会は、拡大、成長を前提として将来像を描いてきました。しかし、2011年以降は人口が継続的に減少し、さらに数十年間は減少を続けることが予測されています。本格的な人口減少社会の突入という、かつて経験したことのない局面を迎えていると言うことができます。

ただ、一部の農山村においては、過疎化と言われるように、以前から段階的に人口の減少と、それに伴う活力の低下を経験してきました。中でも注目に値するのは、暮らしている住民の意識の後退や「諦め」が報告されるようになっていることです。

明治大学の小田切徳美は、人・土地・むらの3つの空洞化が進む過程で、地域住民がそこに住み続ける意味や誇りを見失いつつある、言うなれば「誇りの空洞化」という本質的な空洞化がその深奥で進んでいることを問題提起しています。子どもが都会に出て良かった、こんなところに若い人は住まないだろうといった声が聞かれ、こうした思いが何かのインパクトで「諦め」として顕在化して「臨界点」に達し、「まだ何とかやっていける」という集落の多数の住民の基本的な思いが、「やはり、もうだめだ」と質的に変化し、集落で取り組まれている活動が停止することへの危惧です（注1）。

（注1）小田切徳美『農山村は消滅しない』岩波書店、2014年、41～42頁参照。

こうした中で２０１４年、日本創成会議が２０４０年には全体の５割近い８９６の自治体が消滅の恐れがあるとしたレポート（増田レポート）を発表し、全国の自治体に衝撃を与えました。続いて同会議の座長である増田寛也は、このレポートを元に『地方消滅』という刺激的なタイトルの書籍を出版しました。この増田レポートに対しては、その後、さまざまな批判や反論が相次ぎました。それらの反論の中には説得力があるものも多く含まれています。しかし、敢えて言えば、人口減少の段階が進みついに農山村を含めた地方が消滅するという言説が出るほどの状況である、ということは事実であり、目を背けてはならないでしょう。かつてない危機的な状況の中で、農山村を消滅させることなく再生させることは、切実かつ重大な課題となっています。

２　よそ者という希望

（１）田園回帰

しかし、まったく希望がないわけではありません。全体の正確な数字を把握することは残念ながら難しいのですが、都市から地方への移住者は着実に増えています。２０１４年度に地方自治体の移住支援策を利用するなどして地方に移住した人が１万１７３５人で、２００９年度から４倍以上に増えたことが、明治大学地域ガバナンス論研究室と毎日新聞、ＮＨＫの共同調査で明らかになりました。

都道府県で唯一、移住者の全数調査を始めた島根県によると、２０１５年度の同県への移住者は４２５２人で、内訳は、Ｕターンが２７７５人、Ｉターンが１４５９人でした。年代別では、20～29歳が１１３０人、30～39歳が９３６人と突出して多くなっています。若い世代の移住者が予想以上に多いのです。

実際に、内閣府による２０１４年の東京在住者へのアンケートでは、40・７％が地方への移住を検討している、または、検討したいと考えていることが明らかになりました。特に30代以下の若者と50代男性の意識が高くなっています。また、全国の20歳以上を対象にした、同じく２０１４年の内閣府による農山漁村に関する世論調査では、農山村地域への定住願望がある人は31・６％で、10年前の２００５年調査の20・６％と比べて10ポイントも増加しています。

都市住民を対象に農山村への移住の相談・あっせんを行っている「ＮＰＯ法人・ふるさと回帰支援センター」への問い合わせ件数も増加しています。面談・セミナーの件数は８０００件を超え、２００７年度と比べ、５・８倍となっています。移住希望者の年齢層で見ても、これまで多かった60歳代以上のシニア層だけではなく、特に30歳代を中心とする現役世代が大きく増加してきているそうです。

こうした都市の若い層を中心とした地方への関心の高まりは「田園回帰」と呼ばれ、注目されています。田園回帰とは農山村移住という行動だけを指す狭い概念ではなく、農山村に対して国民が多様な関心を深めていくプロセスを指しています（注２）。

政策的にも、地方自治体が一定期間その地域に生活の拠点を移す都市住民を「地域おこし協力隊」として委嘱し、地域協力活動に従事してもらうという制度が導入されました。スタートした２００９年度は89人（実施自治体数31）でしたが、２０１５年度には２６２５人（同６７３）へと増え、実施自治体の割合も全１７４２市町村の38％に上っているなど、浸透してきたと言うことができます。

（注２）小田切徳美『農山村は消滅しない』岩波書店、２０１４年、１７６頁参照。

(2) 新しいよそ者

では、どのような人たちが、農山村に移住してきているのでしょうか。質的な側面に着目して見ていきたいと思います。

1970年代、都市から地方への人口環流として、都市へと移り住んだ出身者が地方に戻るUターンが注目され、続いて1980年代後半になると、出身とは関係のない土地に移住するIターンが登場しました。

しかし、Uターンの理由は家族の事情といった消極的な理由が中心で、Iターンについても主にのんびりとした田舎暮らしに憧れを持つといった、自分のライフスタイルやイデオロギーの実現が移住の目的であり、農山村の再生に直接的に関わるような動きはほとんど見られなかったというのが実情です。

それが近年は、農山村を自己実現や課題解決にチャレンジできる場としてとらえる若い世代の存在が登場するようになりました。

例えば、法政大学の図司直也は、地域おこし協力隊として岡山県美作市に赴任した男性にとって、農山村は「若くてやったことがないことでも動いてみるチャンスがたくさんあり人が成長できる場所」であり、「若者が生きていく力を身につけながら稼いでいける場所」になっていると指摘しています(注3)。

都市に暮らす若者が農山村に向けるまなざしが明らかに変化していると言ってよいでしょう。さらに、松永桂子・尾野寛明も同様の指摘をしています(注4)。

個人にとっては、地域や社会に貢献するよりも、自分がしたいことと地域の課題解決の方向性をすりあわせていく、そうした社会のデザイン能力が花開く場として地域が受け皿になっているようである。

この２つから共通して見えるのは、新しい移住者の在りようです。自分のみ、地域のみという一方通行の関係性ではなく、地域の課題解決と自分自身の関心が両立する、地域と自らが「ウィンウィン」である関係を目指すという「新しいよそ者」と表現できるのでないでしょうか。

（３）ソーシャル・イノベーターと風の人

さらに、一定の地域にとどまらず地域をまたいで活動する「ソーシャル・イノベーター」や「風の人」という存在も報告されるようになりました。

例えば、小田切と鳥取大学の筒井一伸は『田園回帰の過去・現在・未来――移住者と創る新しい農山村』の中で、ソーシャル・イノベーターを次のように説明します（注５）。

都市と農山村のボーダーを意識することなく動き、地域と地域をつなぐ人材が活躍している（ソーシャル・イノベーター）。その一部は農山村の移住者やその経験者であった（中略）。彼らは都市と農山村の「イイトコドリ」をしながら、結果的に両者の共生の担い手となり始めていた。

（注３）図司直也「若者はなぜ農山村に向かうのか――『里山』資源が生み出すなりわいづくりの可能性」『地域開発』、２０１４年、13頁参照。
（注４）松永桂子・尾野寛明編著『ローカルに生きるソーシャルに働く』農山漁村文化協会、２０１６年、20頁参照。
（注５）小田切徳美・筒井一伸『田園回帰の過去・現在・未来――移住者と創る新しい農山村』農山漁村文化協会、２０１６年、２１８頁参照。

また、筆者自身の共著書である『地域ではたらく「風の人」という新しい選択』では、地方と都市をまたいで活動し、地域に新しい視点をもたらしてやがて去っていく人材を風の人として、島根県を舞台に活動する8人の風の人を紹介しました。

風の人とは、「風土」という言葉もあるように、地域にはその土地に根付いて受け継いでゆく土の人と風の人がいるという民俗学や地元学の分野で使われてきた用語です。この本では、土の人と風の人、つまり、地域の住民とよそ者が、ともに力を合わせて地域の再生に取り組むことを提案しています(注6)。

ソーシャル・イノベーターと風の人を比べてみると、都市と地方を含めた地域をまたいで活動するという点は共通しています。ただ、ソーシャル・イノベーターは、都市と農村のつなぎ手であり共生の担い手である、という都市――農村関係の文脈から主に語られているのに対し、風の人は、地域に新しい視点を持ち込み、やがて去るという、特性と空間移動に主眼を置いている点が違う点だと言えるかもしれません。

両者はいずれも新しい動きということもあり、存在と活動の報告にとどまり、農山村の再生に果たす役割やそのプロセスについては十分に検討されていない状況です。

(注6)田中輝美・藤代裕之研究室『地域ではたらく「風の人」という新しい選択』ハーベスト出版、2015年。

Ⅱ　よそ者と創る新しい農山村の展開――島根県海士町

Ⅰで新しいよそ者について触れましたが、本章では実際にこうしたよそ者との地域再生の成功事例である隠岐諸島にある島根県海士町を見ていきたいと思います。

海士町では1950年には6986人いた人口が、高校卒業後ほとんどが島外に進学、または就職したことで、20～30歳代の若い世代が流出し、2015年の国勢調査では2353人まで減少。典型的な過疎に悩む小さな離島です。

その一方で、2004年から2014年度末までの11年間で483人がIターンしてきました。そして、その中の1人が島の住民とともに廃校の危機にあった県立高校を復活させる「高校魅力化プロジェクト」にチャレンジしたことで、実際に島外から生徒が集まるようになり、生徒数もクラス数も増えて高校が復活しました。これは全国でも珍しい事例と言えます。

これらの取り組みを通して海士町は地方創生のトップランナーとして知られるようになり、安倍晋三首相の所信表明演説でも取り上げられました。総務省による「過疎地域自立活性化優良事例表彰」で最高の総務大臣賞を受賞したほか、課題解決を目指す地域の取り組みを奨励する「第1回プラチナ大賞」で大賞を受賞しています。

人口減少という時代背景を踏まえれば、学校は統廃合が進むのが基本のトレンド

図１　島根県海士町の位置

図２　岩本悠さん

です。それにも関わらず生徒が集まる学校へと生まれ変わったことは、人口減少時代において象徴的であり、示唆に富んだ農山村の再生の１つの姿と言ってもよいでしょう。詳しくは筆者の共著である『未来を変えた島の学校――隠岐島前発ふるさと再興への挑戦』を読んでいただきたいのですが、よそ者との創る新しい農山村を考える上でも重要なヒントが多くありますので、本章でも概観しておきたいと思います。

この高校魅力化プロジェクトの中心人物は、東京都から２００６年に海士町にＩターンしてきた岩本悠さんです。岩本さんは魅力化プロジェクトに取り組んだ後、２０１５年に海士町を離れ、現在は島根県庁で「教育魅力化特命官」として勤務しながら島根県全体の教育魅力化を担当しています。

高校魅力化プロジェクトのプロセスを、中心的に関わった岩本さんを軸として（１）岩本さんが移住して魅力化プロジェクトを立ち上げるまで、（２）岩本さんを中心とした魅力化プロジェクト実施期、（３）岩本さんが去った後の魅力化プロジェクト継続期、の大きく３つに分け、順を追って紹介していきます。（**表１**）

表１　海士町の高校魅力化プロジェクトに関わる主な出来事

1998 年	商品開発研修生制度始まる
2002 年	山内道雄町長初当選
2004 年	町自立促進プラン策定
2006 年	AMA ワゴン第１回開催
2006 年	岩本悠さんが移住
2007 年	隠岐島前高校魅力化プロジェクト始まる
2010 年	カリキュラムの改編
	隠岐國学習センター開所
2011 年	島留学受け入れ開始
2014 年	全学年２クラス化を達成
2015 年	岩本さんが島根県庁へ移籍
2016 年	岩本さんが日本財団の特別ソーシャル・イノベーターに選ばれる

1　高校魅力化プロジェクト立ち上げまで（1998～2007年）

（1）よそ者を生かす商品開発研修生制度

海士町では1998年度、「商品開発研修生制度」が導入されました。これは、島にある地域資源を商品化することを目的に、研修生に対し、1年契約（更新可能）で毎月15万円の給与を支給し、住居も用意する仕組みです。ただ、当初はよそ者を支援することに理解が得られにくかったため、苦肉の策で「島っ娘制度」という名称で嫁対策のための施策の位置付けとしてスタートし、2000年度に商品開発研修制度へと名称変更しました。

研修生のうち、2005年に大分県から移住したIターン者は、島の人たちが自生するクロモジの木を「ふくぎ」と呼び、枝を細かく切って煎じてお茶として飲んでいた文化に目を付けて「ふくぎ茶」として商品化。商品化したIターン者は大分に戻りましたが、島にある障害者作業施設が引き続き生産をしており、島の土産として定着しています。

2012年度末時点で、25人が採用され、7人が島内で就職または起業しました。

この制度の特徴は、島への定住よりも特産品が少ない島で商品を開発するという課題の解決を目的にしている点にあります。何人が島内に残ったかということよりも、よそ者の視点と力を生かすということに力点が置かれ、よそ者を受け入れながらともに地域づくりを進めるという文化が醸成されていきました。

（2）高校存続という地域課題の発見

2002年、町長選で山内道雄町長が初当選しました。平成の大合併の流れの中で、隣接する島である西ノ島町、知夫（ちぶ）村を含む島前地域で合併協議はしましたが、結果的に単独町政を選択。山内町長は島の生き残りをかけた「自

図３　島根県立隠岐島前高校

立促進プラン」の策定を命じました。その中で人口の社会動態や出生数などのデータを冷静に分析した結果、島に立地する島前地域唯一の高校、県立隠岐島前高校を失うことは海士町にとって文化的・経済的に計り知れない損失であり、火急な対応を迫られているとして、高校の重要性と存続に取り組む必要性を明確に位置付けました。

島前高校に１００人以上が入学してきた時代もありましたが、徐々に減少していき、１９９７年度には入学者77人で2学級に、入学者が半分以下の28人となった２００８年度にはついに全学年1学級となりました。過疎化、少子化に加え、島前地域の中学生の3割程度、多いときには5割近くが、島前高校ではなく、海を渡って本土の高校に進学していたという背景がありました。

しかし、もし島前高校がなくなれば、島の子どもたちは、高校進学のために中学卒業と同時に島を出て行くことになります。地域から15～18歳がごっそり消え、さらに、子どもを心配したり、年間４００万円とも言われる仕送りが重荷になったりして、親も一緒に島を出ていくケースが増えることが想定されました。島前高校がなくなることは持続可能なまちづくりを不可能にするという島の未来に直結する致命的な問題だったのです。

(3) 高校存続に取り組むよそ者探し

高校の存続を目指すと言っても簡単に対策が見当たるはずもありません。そこで、高校の存続問題を担当していた海士町役場の吉元操さんは、東京都の一橋大学の大学院生だった尾野寛明さんに相談を持ちかけました。その結果、２００６年、東京都などの社会人や学生が大型ワゴンで20時間以上かけて島を訪れ、出前授業を行うという「ＡＭＡワゴン」が開催されました。そこに講師として呼ばれたのが、当時ソニーで人材育成に携わっていた岩本さんでした。

高校の存続問題を相談された岩本さんは、社会で活躍できる、もしくは島に戻って地域を元気にできる人づくりを目指すべきであり、地域資源を活用し、人間力や志も高められるような教育環境をつくり、地域リーダーを育てていくことができれば地域も持続可能になる、という趣旨の返答をしました。

海士町は岩本さんに対して島に移住してこの課題にともにチャレンジしてくれるように熱心に働きかけ、岩本さんは2006年の年末に実際に島に移住し、翌2007年度、島前地域3町村が高校魅力化プロジェクトを立ち上げました。

なぜ岩本さんは縁もゆかりもない島への移住を決めたのでしょうか。その理由について、日本社会全体を見渡したときに、この島が押し迫っている難題を相手に戦う最前線であり、未来への最先端のように感じたと言います。「この島の課題に挑戦し、小さくても成功モデルをつくることは、この島だけでなく、他の地域や、日本、世界にもつながっていく」と(注1)。

人口減少の最先端でチャレンジできるということが、岩本さんを動かしたと言えます。ソニー時代と比べて収入は半分以下、契約は3年、その後の保証は一切ありませんでした。さらに2013年8月のインタビューでは次のように述べています(注2)。

(注1)山内道雄・岩本悠・田中輝美『未来を変えた島の学校――隠岐島前発ふるさと再興への挑戦』岩波書店、2015年、18頁参照。とくにことわりがない限り、この章のそのほかの海士町の記述は同書に基づく。
(注2)「島でこそグローバルな世界で活躍できる人が育つ――海士町に移住した二人の青年の会話」『かがり火』152号、2013年、8~11頁参照。

僕が島に移住したのは、仕事や住宅があったとか自然が豊かといったことよりも、志と受容力を持った人たちの存在が一番の理由でした。初めから「いつまでいるのか」「骨を埋める覚悟はあるのか」とか言うような人たちばかりだったら、若い移住者は来ないですよ。新しいものから学ぼうという姿勢や、異なるものを生かそうという発想を持った地域の人たちの存在こそが、この島の最大の魅力だと感じます。（中略）これからの時代は多様な文化を持った人たちが協働し、共創していく力の必要性がさらに増していきます。

このように、島の人たちの受け入れ姿勢が定住を求めなかったこと、また、学びの姿勢があったことを大きな要因として挙げています。

2　魅力化プロジェクト実施期（2007～2014年）

（1）島の人から学ぶ

岩本さんは高校の存続策の検討を進める中で、島前高校の95％以上の生徒は卒業と同時に進学や就職で本土に出ていき、将来戻ってくる割合は約3割程度であること、30～40代の残人口率は約40％と県平均の半分以下で、地域全体も「若者流出→後継者不足→産業の衰退→雇用の縮小→地域活力低下→若者流出」という悪循環に陥っていることに気付きました。もっと言えば、高校が地域の衰退に手を貸しているようにも感じました。そこで、教育が果たすべき役割は地域のつくり手を育てることであると再定義しました。

しかし、突然やってきたよそ者である岩本さんに当初は反発が起こりました。実際に都会育ちの岩本さんは当然ながら島の文化を知らず、なじめない場面も少なくありませんでした。説明時に島の人には不慣れであるカタカナや横文字を使い、何かの会に参加するときには、その会の目的や意味、終了時間を毎回確認していました。

役場の吉元さんは、カタカナを戒め、会の雰囲気でその場の終わりが決まることなどを諭しました。そのほかにも「年配には、説明や説得するのでなく相談やお願いという姿勢で臨まんといけん」「非の打ち所のない話をするより、課題や困っていることを伝え、同情や応援をもらった方が得」「すごい人と思われるよりいい人間だと思われることが大事」「効率性や生産性では測れないものがあるから、一見無駄に感じられることでも大事にせんといけん」など、この地域で物事を進めるために必要な心構えを丁寧に教えました。

あるとき、岩本さんは、島の人たちは面と向かっては人の良くない点や改善点を指摘しないことに気付きました。裏で思っていても、表には直接出さない。そのため余計に岩本さんは自分の何を改めればいいのか分からず、もがいていたのです。そこで、自分自身が通っていた大学院での宿題という名目で、地域の住民など十数人から自分の悪い点や直すべき点について匿名で指摘してもらうようにお願いしました。

自分のスタイルを曲げないことや人間味が足りないこと、もっと地域に出て人と会った方がいいことなど、多くの指摘をもらいました。心は痛みましたが、島や学校を変えようという意識では駄目であり、「外から変える」のではなく「自分から変わる」必要があることに思いが至りました。もらった指摘をすべて公開し、それに対する岩本さんの考えや自分が変わっていく決意を、指摘してくれた人たち全員へ返していきました。

また、岩本さんは東京時代には好きでなかった酒の席にも出るようになりました。いくら意味のある提案をしても、信頼関係がなければ聞く耳さえ持ってもらえないことを吉元さんの助言や島の生活で感じ取っていたため、まずは教員と職員室の外で関係をつくろうという思いでした。食事や飲み会にもできる限り参加して教員たちの愚痴も含めて本音を聞くことに努めました。

変化したのは岩本さんだけではありません。吉元さんはもともと物事を進めるために飲み会を重要視していましたが、岩本さんから結果を出すためには人間関係が重要であるという、ダニエル・キム教授の成功循環の理論を聞き、自分の考えにフィットしているモデルであると気に入って、この理論を説明に使うようになりました。さらに海士町は県からの派遣制度を活用し、学校側と地域をつなぐ役割の社会教育主事を全国で初めて高校に配置し、このプロジェクトメンバーに加えました。

岩本さんと吉元さんと教育主事の3人は、それぞれの仕事を終えて深夜に集まっては学校や地域で起こった問題について協議しました。生徒、学校、地域の三方それぞれにとって良い「三方良し」を大事にするように決め、粘り強く対話を重ねていくこの過程で3人の信頼感は深まり、1つのチームとなっていきました。

(2) 島留学とカリキュラム改編

こうしてプロジェクトの方針を示す隠岐島前高校魅力化構想を作成し、カリキュラムを大幅に変え、地域の課題解決学習などで人間力を伸ばす地域創造コースと、生徒と保護者のニーズが高い国公立大への進学に対応できる特別進学コースを導入し、総合的な学習の時間を活用した授業「夢探究」なども設けてキャリア教育を充実させました。

大きな改革の1つが、県外から入学生を募る島留学。刺激や競争が少ないという島の学校が抱える課題を解決し、高校の魅力アップにつなげることが主眼でした。重要なのは、高校の存続のための「数あわせ」ではない点です。

地域からの入学者だけでは生徒数の維持が難しいという背景はあったものの、その埋め合わせのために来てもらうのではありません。島外から来る生徒は、不便な離島での少人数教育を通して都会ではできない経験や力を身に着けることができ、島内の生徒も、島外から異文化が流入することで、地域になかった刺激や競争が生まれるという、双方にとって課題が解決でき、メリットがあるように考えたのです。数合わせとして外から来た生徒を地域が利用する形になるようでは、あるべき姿ではない上に、次第に外から生徒は入学してこないでしょう。

島でのんびり育ち、新しい関係づくりの経験に乏しい島内生は、自分の意見をはっきり言う島外生に戸惑いを感じ、最初のころは島内生と島外生で分かれてコンフリクトも起きたと言いますが、そのうち互いを知り、島内生はより自分を出せるように、島外生は人の思いに耳を傾けられるように、互いに影響し合い、変わっていきました。

さらに民間の予備校が地域にないこともあり、公営塾の隠岐國学習センターを２０１０年に設立しました。島外から移住してきた教育の専門家が島前高校と連携しながら教科指導やキャリア教育を行い、一人ひとりが目指す進路が実現できるような環境を整えました。

（３）入学者が増え、クラスが増えた

こうして魅力化プロジェクトを進めた結果、高校への入学者数は増加に転じ、２０１２年度の入学生は59人に回復しました。そして、地元３中学校からの入学志願率も、２０１３年度入試では初めて70％を越えました（**図４**）。全校生徒の約４割が東京都や大阪府をはじめとした島外からの島留学生で、中学時代に生徒会長で地域活動に興味を持った生徒や農林水産業の復興に関心がある生徒、ドバイからの帰国子女など、多様な生徒が集まってくるようになったのです。

島根県教育委員会は２０１２年度から7年ぶりに２クラスへと増やすことを決め、地元紙の一面で「離島にある高校定員増は異例」と大きく報道されました。

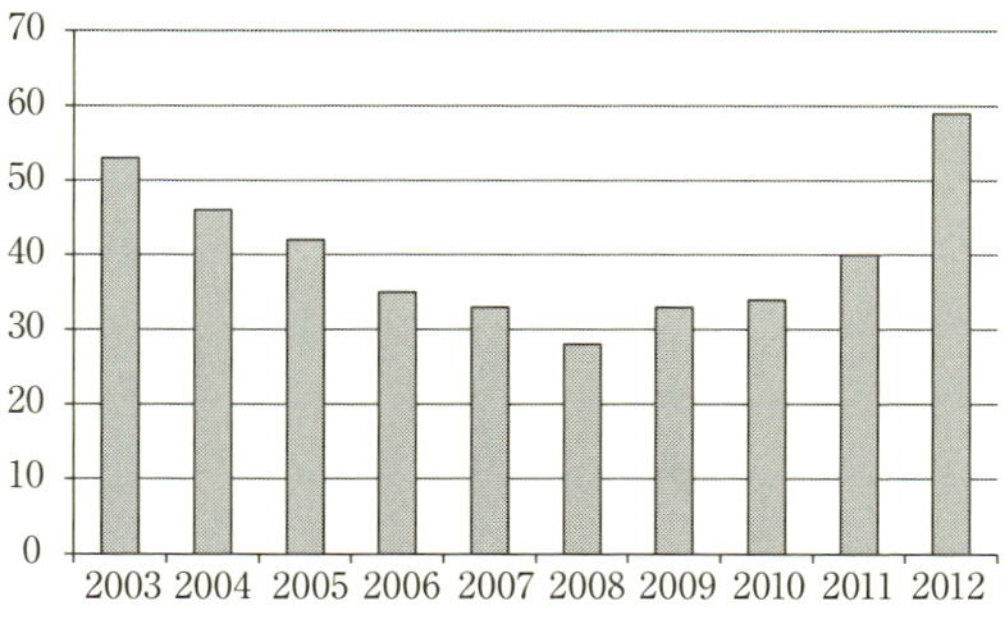

図４　島前高校の生徒数の推移（人）

出典：隠岐島前高校ホームページ

このクラス増は3年連続で続き、2014年度には3学年すべての2クラス化が実現しました。

3　魅力化プロジェクト継続期（2015年～）

（1）岩本さんが去る

岩本さんは、8年間暮らした海士町を2015年3月に離れ、島根県松江市へと住まいを移しました。島根県の教育魅力化特命官として、島根県全体の教育の魅力化にかかわるためです。岩本さんは「島前高校自体の流れができて、進めていくメンバーや関係者ができている。今は僕がいないと進まないっていう状況じゃない」と話し、島前高校だけではなく、小学校や中学校も含め島根県全体で、教育魅力化を広げることを目標にしています。島での活動を通して問題意識を持ち続けていた、若者を都市へと送り出し、地方が過疎化してきたこれまでの流れを変えることに挑戦し続けるには、次のステージへと進むのは必然とも言えたのです。島の人たちも、もちろん寂しくないわけではありませんが、岩本さんを応援するために快く送り出しました。

（2）島の住民の変化

同時に後任の魅力化コーディネーターが高校に着任しました。そのほか、学習センターも入れ替わりはありながら現在は7人体制となり、学習センターに通う生徒は100人を超えました。島前高校の入学者は2016年度、島外から29人、地元から36人、計65人が入学。全校生徒は180人となり、最も少なかった2008年度の倍になりました。同校の校長は「海外への研修に積極的に手を上げたり、自ら地域に出てイベントを仕掛けたりする生徒が増えてきた。学びを主体的に実践に生かしている」と手応えを話します。

さらに、島前地域の３町村で「島前ふるさと魅力化財団」を設立しました。島前高校だけではなく、島前地域の教育と地域自体の魅力化を目指していくことが確認され、岩本さんが話すように、岩本さんがいなくても、継続が担保できる状況、つまり、よそ者が継続的に訪れ、そして地域が受け入れるという仕組みができているのです。

ただ、これは学習センターや財団の設立といった仕組みが整えば可能になるのでしょうか。そうではないと思います。どんな仕組みも動かすのは人であり、人が動かさなくては機能しません。島の住民によってその仕組みが動き、機能するのだと言うことができます。

魅力化プロジェクトを通してまちづくりの原点は人づくりであると考えを深めていった山内町長は「岩本悠くんをはじめ外から島に来て本気で島のために行動している人たちに、私自身が影響を受けたことも大きかったです。縁もゆかりもなかったはずの彼らが、この地域や子どもたちのために、がんばってくれている。『よそもの』と言われようが、誰よりも当事者意識や問題意識をもって、率先して行動で示してくれていた」と話します。

また、海士町の隣の西ノ島町出身で島前高校に勤めている別の教員の一人は、岩本さんがこれまでにない発想で夢探究といった授業に取り組んでいる姿を見て、それまではさほど意識してこなかった地域のことを考えるようになりました。岩本さん自身も、島のある母親に言われた次の言葉が忘れられないと言います。

私は正直、この魅力化の取り組みはうまくいかないんじゃないかと思ってる。たとえ一時的にうまくいったとしても、続かないと。でも、やらなきゃいけないと思う。私は、子どもたちがマラソンや駅伝に出るときに、勝てないから途中で諦めたり、手を抜いたりするようなことは、絶対に許さない。この取り組みも結果的に成功しないかもしれない。でも、無理だと諦めてやめてしまうようであれば、子どもたちに「負けてもいいから全力でがんばりなさい」

「ビリでも最後まで走り抜きなさい」なんて二度と言えなくなる。

岩本さんとともに取り組む過程を通して、住民のやる気に火が付き、自分事として地域づくりにチャレンジし続ける意欲を持った、ということが、注目すべき最大の変化だと言えます。

また、魅力化プロジェクトを通じて、島前高校の生徒たちが「島に恩返しをしたい」「仕事をつくりに帰ってきたい」と口にするようになりました。実際に大学進学後、長期休暇のたびに大学の同級生らと島前高校で出前授業をする企画を立ち上げた卒業生がいますし、それは後輩にも受け継がれて輪が広がっています。

彼らが本当に仕事をつくりに島にUターンしてくるのか、その結果が明らかになるにはもう少し時間が必要ではありますが、大学のない島では、高校を卒業すると、ほとんどの生徒が島を出ます。海士町では、それを押しとどめようとするのではなく、大きく送り出して「地域のつくり手」としてUターンしてくるという「ブーメラン戦略」をとっていることは注目に値すると思います。

また、海士町の飲み会では、最後に唱歌「ふるさと」を合唱します。3番に「志を果たして　いつの日にか　かえらん」という歌詞がありますが、それを「志を果たしに　いつの日にか　かえらん」という替え歌にして地域の課題解決のためにUターンしてくる姿を願っています。

(3) 去ってもつながり続ける

島前高校の成果を受け、島根県教育委員会は、2011年度から、県内の他地域での高校魅力化の取り組みを後押しする「離島・中山間地域の高校魅力化・活性化事業」をスタートさせました。島前高校も含めた離島・中山間地の8校・

8地域に対して、1校あたり3年間で1500万円の予算を配分。2013年度以降も引き続き、各校に3年間で1200万円が上限で助成され、全校が地域の特色を生かした教育を進めるための外部人材としてコーディネーターを置いています。コーディネーターのスキルアップや魅力化に取り組む学校の支援は現在の岩本さんの仕事になっています。

さらに、2016年度、岩本さんは海士町の高校魅力化スタッフたちとも一緒に、魅力化を全国に広げるという新たなプロジェクト「学校魅力化プラットフォーム」を立ち上げ、日本財団のソーシャル・イノベーター支援制度に応募しました。採択され、年間1億円を上限に3年間支援を受けることが決定。岩本さんは海士町に住んではいませんが、海士町の人たちと志や問題意識を共有し、ともにチャレンジし続けているのです。

4　「あの人だから」「あそこだから」問題を越えて

しかし、こうした海士町の成功事例が共有され、広く一般化されているかというと、残念ながらそうではありません。海士町には視察が相次いではいるものの「あの人がいたからできた」「あそこだからできた」と、一地域の特殊な問題へと矮小化され、他地域では再現性がないと受け止められがちです。

そうした中で地方自治体が繰り広げていることは「自治体間人口獲得ゲーム」の様相を呈しつつあると指摘されています(注3)。例えば、空き家のあっせんや子どもの医療費無料、移住すれば「引っ越してくれば○○万円」といった移住者への特典の提供が行われ、これらはいずれも他の自治体からの転入にインセンティブを与えて、自分の自治体の住民になるよう引き込むものです。

(注3) 山下祐介『地方消滅の罠――「増田レポート」と人口減少社会の正体』ちくま新書、2014、187頁参照。

確かに、移住・定住政策は重要ではありますが、人口減少時代にこうした人口獲得ゲームが過熱すれば、限られたパイの奪い合いとなることは想像に難くありません。

さらに、定住人口の獲得戦略に基づく移住・定住政策により、地方自治体が地域おこし協力隊やＵＩターン者をやみくもに募り、実際に移住が実現したものの、移住後にミスマッチが露わになり、移住者が不本意な形で地域を離れるケースも少なくありません。「地域おこし協力隊　失敗の本質」という資料もインターネット上に公開されており、地域の再生どころか、地域にとっても移住者にとっても不幸な状況さえ生まれていると言えます。

これはなぜでしょうか。要因はさまざまあるとは思いますが、その一つには、海士町の成功の理由が、岩本さんが人格、スキルともに完成された「スーパーマン」だったからと受け止められたり、離島であるという地理的特殊性に目を奪われたりしがちで、よそ者が農山村の再生にどのような役割を果たすのか、一般化することを妨げていたということがあるのではないでしょうか。

鳥取大の筒井ほかも、農山村に渦巻く「移住政策万能論」への警鐘から、移住者数という数的な結果ではなく、移住者が質的な意味を考える必要性を訴えています（注4）。

そこで、次のⅣでは、多様なよそ者との地域づくりが行われている島根県の江津市の事例を詳しくみていきたいと思います。

（注4）筒井一伸・嵩和雄・佐久間康富『移住者の地域起業による農山村再生』筑波書房、2014、2頁参照。

Ⅲ　よそ者と創る新しい農山村の展開――島根県江津市

島根県江津市は、県西部の石見（いわみ）地方に位置し、市の中央を中国地方随一の大河である江の川が南北に流れ、日本海に注いでいます。2004年に隣接する桜江町と合併して市域が広がりました。日本三大瓦の1つ、石州（せきしゅう）瓦の生産の中心地でしたが、住宅様式の変化などに伴い、瓦製造会社の経営破たんが相次ぎ、さらには大手誘致企業の工場閉鎖や事業撤退にも見舞われました。

人口は1950年の4万7057人をピークに、高度経済成長に伴い1955年以降、急速に減少し、1965年には戦前の人口を下回りました。その後、1985年までは微減にとどまっていましたが、バブル経済期に再び減少が始まり、1987年以降は死亡数が出生数を上回る自然減も始まるなど減少傾向は続いて2015年の国勢調査では2万4468人となりました。島根県内で最も人口が少ない市です。2010年、市全域が過疎地域自立促進特別措置法に基づく過疎地域に指定されています。

東京からの移動時間距離が全国で一番遠い市として紹介されたこともあり、アクセスが良いとは言い難いのですが、海士町と並んで地方創生のお手本として全

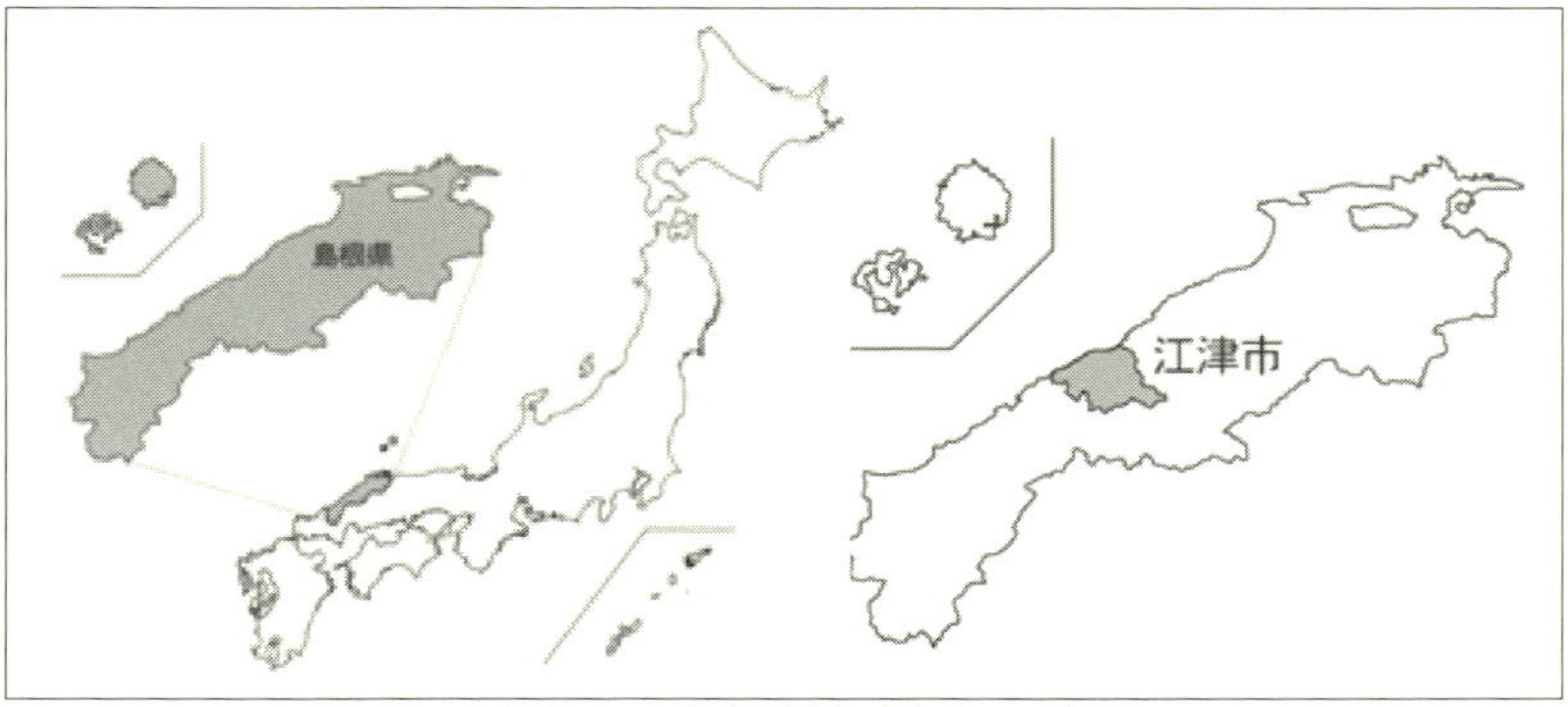

図１　島根県江津市の位置

国から視察が訪れています。起業するUIターン者を呼び込むビジネスプランコンテストの取り組みが総務省の過疎地域自立活性化優良事例表彰で2013年度最高の総務大臣賞を受賞したほか、ビジネスプランコンテストを運営するNPO法人てごねっと石見は2015年、地方紙45紙と共同通信社が設ける第5回地域再生大賞に選ばれました。同賞では「若い人のアイデアを素に起業を助け、移住も進める『職住一体』の活動を展開」として人口減に直面する地域のまちづくりの新たなモデルとして評価されています。

実際に江津市では2010年度からの計7回のビジネスプランコンテストを開催し、その受賞者らによる10件以上の新規ビジネスが生まれました。その波及効果もあって、寂れていたJR江津駅前の22の空き店舗が埋まって飲食店などに生まれ変わりました。チャレンジ精神を持ったよそ者がビジネスプランコンテストに応募、UIターンしてきて、新しくコトを起こすという好循環が生まれています。

なぜよそ者は江津市を選んで移住してくるのでしょうか。そして、よそ者が実際に現場でどのような活動を行っているのでしょうか。そのプロセスを描き出すポイントとして①よそ者を呼び込むビジネスプランコンテストへの着目とその展開、②ビジネスプランコンテストを通じて移住してきた主なよそ者、③NPOによるよそ者を支援する仕組み、④よそ者と住民の変化、の大きく4つを示して、順に紹介していきたいと思います。

1　よそ者を呼び込むビジネスプランコンテストへの着目とその展開

(1)　企業誘致から〝起業〟誘致へ

人口減少が続いていた江津市では合併後の2004年ごろから、都市農村交流の一環で、田舎暮らし体験事業として、都市部の住民が山間部の暮らしや農作業などを体験するツアーを行っていました。ツアーを通じて都市住民と交流するうち、参加者から「古民家があれば住みたいが、古民家はないか」と相談が寄せられるようになりました。確かにそう言われて地域を見渡すと、空き家が多く存在しました。当時、地域振興を担当していた市職員の中川哉（かなえ）さんは「空き家は地域資源」であることに気付いたのです。

しかし、こうしてニーズがあるのにも関わらず、地方の空き家に価値があるとは捉えられておらず、借りる人もいないと不動産業者が物件化をしていませんでした。そこで、中川さんを中心に、地元の不動産、建設業者と相談しながら、全国初となる空き家バンク制度、つまり、空き家情報を登録し、借りたい人と貸したい人をつなげる仕組みを作りました。その後、空き家バンクは一般的になり、現在では取り組む自治体が増えています。

江津市では平均して年間20件のマッチングがあり、２００６年度から２０１５年度までの10年間で２９２人がこの制度を使ってＵＩターンしてきました。その中で、後継者不足に悩む地元の林業に従事したり、桑の葉を使ってお茶を特産品化したりしたＩターン者がいました。

移住してきたよそ者が地元の産業を支え、新たな雇用を生んでいたのです。その姿を見て、中川さんは、人材の力は大きく、地域づくりのカギを握るのはやはり人材であると痛感したと言います。

さらに、中川さんは２００９年、注目され始めていた海士町を研究し、「人が人を呼ぶ好循環」が起こっていると分析しました。江津市も同じような状況にしたいと悩む中で、直接的に人材を誘致するビジネスプランコンテストの開催を思い付いたのです。

ビジネスプランコンテストを開催し、その受賞者に小さくても地域に根付いて新しい事業をおこしてもらって雇用をコツコツ増やしていけばいいのではないか――。

仕事をつくることができる人材の重要性に気付いていたこと、そして過去に誘致した企業が撤退していたこともあり、これからは〝数〟や〝量〟を求める企業誘致ではなく〝質〟に着目した人材誘致に取り組むべきとの思いを強め、ビジネスプランコンテストを開催することにしました。企業誘致から〝起業〟誘致へ、明確に舵を切ったのです。

(2) ビジネスプランコンテストの展開(第1〜6回)

2010年度初めて市が直接開催する形で、ビジネスプランコンテストが行われました。賞金総額100万円が贈られる新規創業・経営革新部門と、活動資金として月額15万円程度が1年間支給される課題解決プロデューサー部門との2部門を設置。応募の際のテーマを「江津市の課題解決」とするなど、地域課題の解決への貢献を強く打ち出し、プランの成熟度よりも応募者の本気や情熱を求めていました。(**表1**)

これは地域の側が、よそ者に対して完成された「スーパーマン」を求めているというより、ある意味「不完全」なよそ者でも受け入れて地域で育てるつもりがある、と言い換えることができるかもしれません。

翌2011年、第2回のビジネスプランコンテストからは、運営をNPO法人のてごねっと石見が市から受託して行うようになりました。この年は全国から23件の応募があり、一次審査(書類審査)を通過した7人がプランを発表し、新規創業・経営革新部門大賞(賞金50万円)と課題解決プロデューサー部門大賞(月額12万円の活動資金を1年間提供)、JC賞(賞金30万円)の3人が受賞しました。

その後も毎年、てごねっと石見がビジネスプランコンテストを開催し、受賞者を出し続けています(**表2**)。古民家を改修して自家栽培野菜を使った農家レストランの開業プランや、空き家をリノベーションして活用するプラン、地ビール製造といったプランなどが大賞を受賞しました。

ポスターやチラシの配布はもちろん、東京や大阪、福岡などの都市に出掛けて説明会を行ったり、サイトやソーシャ

表１　江津市ビジネスプランコンテストの第１回募集時の内容

◇こんな人を求めています！ 本ビジネスコンテストの選考は、江津市の課題を解決する可能性を持ったプランを持つ応募者にどれだけの熱意があるのかを確認します。たとえプランが未熟であっても、地域の課題解決に本気で取り組むという情熱を持っている個人又は団体の応募をお待ちしています。 ◇募集部門と賞金 （１）新規創業・経営革新部門　大賞　１名　（賞金総額100万円） （２）課題解決プロデューサー部門大賞　２名　（活動資金として月額15万円程度を１年間支給予定） ◇支援内容 受賞者には、ビジネスプランの実現及び受賞者自身のスキルアップのための各種支援を行います。課題解決プロデューサー部門の大賞受賞者は、江津市内のNPO法人等で受け入れ、実際にプロデューサーとしての力を身につけていただきます。 ◇募集テーマ 「江津市の課題解決」 ◇応募条件 ・個人および団体（任意団体、ＮＰＯ法人、株式会社、有限会社など、組織の法的な形態は問いません） ・受賞後１年間は、江津市内を拠点に活動を実施すること。（必ずしも本人が常駐する必要はありませんが、その場合は誰か一名以上、市内の事業所（本社、支社等）に常駐できる体制を整えてください。） ◇選考方法及び審査員 起業家精神、事業モデル、 共感性、社会的インパクト、江津市とのマッチング等を基準に審査会で選考を行い、一次選考（書類審査）および二次選考（プレゼンテーション）を経て、受賞者を決定します。

表２　江津市ビジネスプランコンテストの受賞者と内容

年度	受賞者と内容
2010	本宮理恵　（安来市出身／安来市在住）地域実践型インターンシップ 志村竜海（宮城県出身／東京都在住）廃材の竹を使った養鶏業 松崎みゆき（奥出雲町出身／東京都在住）桑の実を使った商品開発 古瀬幸広（奈良県出身／東京都在住）里山のブランド化
2011	三浦大紀（浜田市出身／東京都在住）シマネプロモーション 多田十誠（江津市出身／江津市在住）古民家カフェ
2012	平下茂親（江津市出身／江津市在住）古民家リノベーション
2013	和田智之（兵庫県出身／浜田市在住）蕗沢公園活性化計画
2014	山口梓（神奈川県出身／浜田市在住）地ビールの製造
2015	江上尚（愛知県出身／東京都在住）古民家でのゲストハウス
2016	原田真宣（神奈川県出身/江津市在住）パクチーの特産品化

ルメディアなどインターネットも使ったり、直接声掛けしたり、多様な手段を使って応募者を集めています。

中には、過去の受賞者の姿を見て奮起し、応募してくるパターンもあり、目指した通りの「人が人を呼ぶ好循環」が起きていると言えます。こうして２０１７年1月現在、実際に大賞受賞者を含めた13人が起業し、24人の雇用が生まれています。大賞受賞者はもちろん、大賞は逃しても、ビジネスプランコンテストを通して地域の中で認知されることで起業に至るケースも増えているのです。

（3）ビジネスプランコンテストの現状（第7回）

２０１６年12月に開催された第7回となるビジネスプランコンテストの発表会は、これまでの江津市の取り組みが花開いたことを象徴する会となりました。筆者も現場で取材していたこともあり、様子を少し紹介したいと思います。

大賞を受賞したのは、首都圏などを中心に人気急上昇中の「パクチー」（コリアンダー）の特産品化を掲げた原田真宜さんでした。神奈川から２０１６年に江津市にIターンし、同市に住居を構えています。多くの地域の中から江津を選んだ理由を「（ビジネス的には）関東近郊の方が有利だが、地域の人のバックアップがあり、先輩と一緒になってできる。江津ほど面白いところはない」と強調しました。

来場者の投票で決まる会場賞を受賞した江津市出身の徳田恵子さん、佐々木香織さんのプランは「一杯のコーヒーでつなぐ『まち』と『ひと』～帰ってきたい町、江津」でした。いつか地元でカフェを開きたいと夢を語り合っていた２人は江津

図２　第７回ビジネスプランコンテストの様子

高校卒業後、コーヒーチェーンなどで働いていましたが、手つなぎ市といった新しいイベントの開催や駅前の空き店舗がどんどん埋まるといった江津市の変化を感じて「自分たちも一緒に参加して盛り上げたい」と２０１６年にUターンしてきたそうです。

江津市内のカフェで修行していると、「頑張って」という応援の声や、出店してみないかと呼び掛けてもらうことが多く、「やっぱりここならできる」という確信が膨らんでいきました。ビジネスプランコンテストでは「きっかけをもらって帰ってきた私たちが今度は若者と江津の人をつなげていきたい」と発表しました。今後、実際に駅前でのカフェ開業へ動き出す予定です。

発表会には、江津市内外から１５０人もの人が詰めかけ、熱気があふれました。そして、応募者は「江津には応援してくれる人がたくさんいる」と口をそろえていました。よそ者を応援するという文化が根付いているのです。だからこそ、自分の夢を持ったよそ者が次々と訪れ、実際に夢を叶えていくのでしょう。

ビジコンを企画し、現在も市の地域振興室長として関わり続けている中川さんは、地方志向の若者が増えているのを肌で感じるとして「田舎だからこういう仕事は無理という先入観ではなく、何もないからこそ何でもできる。一人ひとりの力は大きい。江津へ行くと夢が実現できるということを発信したい」と話します。

2　ビジネスプランコンテストを通じて移住してきた主なよそ者

次に、ビジネスプランコンテストを通じて、どのようなよそ者が移住してきたのか、詳しく紹介していきたいと思います。

（1）本宮理恵さん

第1回のビジネスプランコンテストの課題解決プロデューサー部門で大賞を受賞した1人が、本宮理恵さんでした。島根県安来市出身でリクルート岡山支社などに勤めた後に実家の安来市に戻り、暮らしていました。江津市から見ればIターン人材と言えます。

本宮さんは、兄や自分自身が島根にUターンすることについて、都会での就職と比べて「つまらないこと」のように周りから受け止められていたことに、ずっと反骨心を感じていました。そこで「帰ってこれる島根をつくろう」というキャッチコピーを自らつくり、地域にいる若い人や住民が面白く楽しく暮らせるように、学生や社会人のインターンを呼び込むプランを提案していました。

図3　本宮理恵さん

課題解決プロデューサー部門の大賞受賞者は、江津市のＮＰＯ法人で受け入れ、実際にプロデューサーとしての力を身につけてもらうと記されていたことから、２０１１年、本宮さんは江津市に移住。ＮＰＯ法人てごねっと石見をゼロから立ち上げることになります。

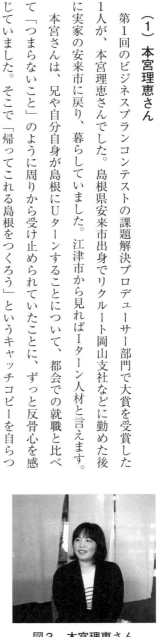

本宮さんはＮＰＯの経験を踏ませてもらうという気持ちでしたが、移住してみると「あなたがＮＰＯをつくってください」と言われ、あると思っていた事務所も物件がおさえられていただけで、電話線を引くところからスタートしました。

その土地に来たばかりのよそ者にＮＰＯの設立を任せるのかと驚きましたが、担当していた市職員の中川さんからの「島根県は、今が正念場だと思っています。県西部は、県東部に比較し、過疎・高齢化が10年早く進行しています。つまり、全国一といっていいほど厳しい状況です。それだけに、ここで『やれたこと』は全国モデルになります。ぜひ、力を貸してください」というメールを読んで奮起しました。てごねっと石見の理事長の横田学さんも「待っているからね。こんな楽しみな春は久しぶりだ」と期待を寄せてくれていたことにも励まされました。

本宮さんは、最初の1年目は地域の住民に理解してもらえないこともあったと言いますが、大学生を江津に呼び続けて「江津に若者を呼んでくれる人、若い意見を伝えてくれる人」という立ち位置になりました。2年目には、ビジネスプランコンテストで掲げたプランの一つである大学生のインターンシップは、社会人向けにも開催することになるなど広がりを見せました。

そして、3年過ごした後、江津から旅立ちました。江津の風土について「UIターン支援は（一般的に）定住しなさいってすごいプレッシャーがあるけど、でも江津はここでしっかり経験して、羽ばたいてほしいって感じがあった」と振り返ります。

（2）三浦大紀さん

第2回の課題解決プロデューサー部門で大賞を受賞し、てごねっと石見のスタッフとして重要な役割を果たすようになったのが、江津市の隣にある浜田市出身の三浦大紀さんでした。元首相の故・橋本龍太郎氏の秘書や国際NGOスタッフなど多彩な経験を持ち、当時は東京に住んでいました。江津市から見ればUターン人材となります。

図４　三浦大紀さん

三浦さんは、東京時代にふるさとの島根県を見つめなおしたとき、地域をプロモーションする人がいないという問題意識を感じていました。良いものがないわけではなく、むしろ、たくさんあるのに、知られていない、伝わっていないという課題でした。三浦さん自身はプロモーションや企画といった職業に携わったことはありませんでしたが「ないなら、つくればいい」と島根をプロモーションするという企画会社「シマネプロモーション」の構想を持って応募。受賞を機に三浦さんも２０１１年秋に浜田市にＵターンし、本宮さんとともにてごねっと石見のスタッフとして働き出しました。

三浦さんは、寂れていたＪＲ江津駅前にある万葉の里商店会の活性化に取り組みたいという住民から相談を受け、まず仲間づくりから始めようと、万葉の里商店会の若いメンバーに声を掛けて一緒に青年部を立ち上げました。

そしてすぐにバーをオープンしました。商店会のコミュニケーションの助けにもなればという狙いでした。名前は、市の名前をかけた「52（ごうつ）Ｂａｒ」。

もともとは20年間使われていなかった喫茶店でしたが、時代を感じさせない空間の雰囲気がありました。青年部のメンバーが力を合わせてリノベーションし、バーテンも交代で務めました。人と場の力が人を呼び、新しいアイデアやつながりを生み、市内外から「52Ｂａｒに行くために江津に行く」という流れが生まれるなど伝説の存在となりました。

特徴的だったのは、営業時間を午後6時から9時までに限定していたことです。52Ｂａｒで軽く飲んだ後、二次会は商店会にある近くの他の店に行く流れをつくるためでした。さらに、店員役は、商店会の若手や三浦さんが日中の仕事を終え、交代で務めていたため、そこへの心配りもありました。三浦さんは「自分さえよければいいって考えでは、地域では生きていけないと思う。時間を限定することで、最初の1、2杯を楽しんでもらって『はい、次に行ってね』と言いやすくなる」と込めた思いを話します。

三浦さんは２０１４年、ビジネスプランコンテストに提出したプランを受け継ぎ、企画会社シマネプロモーションを出身地の浜田市で設立しました。事務所は築80年の屋敷をリノベーションし、コワーキングスペースも兼ねています。事業では、島根県の文化に根付いた工芸品と食品を詰め合わせた引き出物のセット「ＹＵＴＴＥ」が好評です。

起業に伴い、てごねっと石見を卒業しましたが、商店街活性化をはじめとしたてごねっと石見での現場での実践を通してどんどん成長し、プランをブラッシュアップしていくことができたことが大きかったと考えられます。

（3）平下茂親さん

2012年、続く第3回のビジネスプランコンテストで大賞を受賞したのが平下茂親さんです。江津市の出身で、卒業後はアメリカ・ニューヨークに渡って2年間家具や空間のデザインを手掛けていましたが、駅前商店街の活性化に取り組んでいた姉から「江津が変わろうとしているから早く帰ってきて」としつこいほど言われて、Uターンしました。てごねっと石見と同じオフィスに入居しながら、起業の準備を進め、「デザインオフィス・スキモノ」を設立。そして第3回ビジネスプランコンテストで空き家をリノベーションして活用するプランを提案しました。

図５　平下茂親さん

石見地域に根ざしたライフデザインを、というコンセプトに基づき、10人のスタッフ体制で空き店舗や空き家のリノベーション、内装のデザインを手掛けています。特に駅前の商店街では5件以上の新規店舗のオープンに関わりました。こうして平下さんの手で、ボロボロで朽ち果てかけていた駅前の空き家が、漁師による居酒屋、バーなど次々とお洒落な空間に生まれ変わっていきました。街がかっこよく変わっていく。この街で出店したいという雰囲気を加速させました。三浦さんが取り組んだ52Ｂａｒのリノベーションを手掛けたのも平下さんです。

平下さんは「生まれ育った愛着のある地域の歴史に手を加え、次世代に残す喜びがある。がむしゃらになれる。江津には何もないと言われる。でもないなら、自分たちが創ればいい」と話します。

(4) 山口梓さん

2014年の第5回ビジネスプランコンテストで大賞を受賞したのが、山口梓さんです。神奈川県出身で、隣の浜田市に夫婦でIターンしてきました。古民家カフェのプランで第2回のビジネスプランコンテスト大賞を受賞した多田十誠さんと親しく、多田さんの活躍を見ているうちに、自分たちも何かしたいと立ち上がりました。

夫婦2人でビジネスプランコンテストで発表したプランは「目指せオクトーバーフェスト!!～街全体がブルワリー～」。江津市も含めた県西部の石見地方で初めてとなる地ビールを製造したいというプランでした。地元の農産物を使ったクラフトビールです。小さく始めて市場に合わせて成長するというスタンスでした。実際に2016年、江津市内に夫婦で9坪の小さなブルワリーを立ち上げ、「石見麦酒」というクラフトビールを販売しています。

図6　山口梓さん（右手前）

地元の江津市で自然栽培された大麦を使ったクラフトビールのほか、江津だけではなく、石見地域全体の生産者やお店とつながり、同地域特産のユズを使ったクラフトビール、同地域にあるコーヒー焙煎店とコラボレーションしたスタウトビールなど次々と発売しています。少量だからこそできる多様な種類があり、地域に根ざした味わいが人気を集めています。

(5) 尾野寛明さん

ここまではビジネスプランコンテストが直接的に移住や起業につながったよそ者を紹介してきましたが、最後にビジネスプランコンテストの立ち上げ自体に大きく関わったよそ者を紹介したいと思います。

ビジネスプランコンテストを企画した江津市役所の中川さんが当時よく相談していたのが、尾野寛明さんでした。尾野さんは、江津市の隣の川本町で「過疎とたたかう古本屋」と掲げたエコカレッジを経営する社会起業家。東京都出身で、一橋大在学中に起業しましたが、本屋がなくなった川本町に２００６年本社を移転させていたのです。川本町は、人口４０００人に満たない中国山地の小さな過疎の町です。

図７　尾野寛明さん

尾野さんはもともと「専門性をもった人が都市にたくさんいる。その専門性を生かしてチャンスが現場にある。もっと都市部の人間もいろんな経験したほうがいいし、もっと気軽に都市部の若者が農村を行き来する世の中が作れたらいい」と感じていました。そこで、海士町のＡＭＡワゴンを企画、実行したり、川本町への本屋の移転などを実現させたりしていたのです。

本屋が復活したことで川本町の住民は喜び、エコカレッジも固定費が圧倒的に下がったことで業績が良くなりました。そして尾野さん自身も、東京と川本町に自宅を設けて二地域居住を実践するようになりました。

中川さんは「ＡＭＡワゴンの経験もあり、いろんな人を連れてきてくれるだろう」という期待があったと言います。実際、ビジネスプランコンテストの出場者の声掛けだけでなく、てごねっと石見の副理事長としてＮＰＯの運営にも関わってアイデアを出すなどサポートするようになりました。

３　ＮＰＯによるよそ者を支える仕組み

こうして次々とよそ者が移住してきても、実際に起業までたどりつくのは簡単ではないと思います。支える仕組みはどうなっているのでしょうか。江津市ならではの工夫がありますので、紹介していきたいと思います。

（1）地元とよそ者の混合チーム

運営しているのは、先に紹介したようにNPO法人てごねっと石見です。これはまさにビジネスプランコンテストを運営し、起業家を支えるために立ち上がったNPOでした。

ビジネスプランコンテストを始めた2010年ごろ、都市では少しずつビジネスプランコンテストを開催する自治体が出始めてはいましたが、地方での開催は前例がなく、江津市にもまったくノウハウはありませんでした。

そのため、市役所の中川さんが創業支援に取り組む東京のNPOに押しかけ、アドバイスを求めました。すると、その相手から「起業家のモチベーションが下がるのは仲間がいないこと。継続のためには支える組織や仕組みがないと駄目だ」と言われたのだそうです。そこで、第1回のビジネスプランコンテストを開催するとともに、その大賞受賞者2人を雇用する形で、てごねっと石見を立ち上げ、そして、プランの実現に向けてもしっかりフォローしていく仕組みをつくりました。

当時てごねっと石見の理事は、13人。多すぎるようにも思いますが、ここにも理由がありました。

理事長は、江津市出身で、大手企業に勤めた後、Uターンして島根県と江津市の産業人材育成コーディネーターを務めていた横田学さんです。そのほか、市役所の中川さんやJR江津駅前の江津万葉の里商店会メンバーの藤田貴子さん、元学校の校長など地元の人々が理事に名を連ねたほか、副理事長にはよそ者の尾野さんが就きました。

尾野さんは、この地元とよそ者の混合部隊が良かったと分析しています。「地域の経済界に精通した横田さんが上にいてくれるのは助かった」として、よそ者ばかりだと、周囲から嫌がらせや無理難題を押し付けられるなど便利に使われてしまうようなことも起きかねないと言いますが、横田理事長が「ならんもんはならん」と守ってくれたそうです。

（2）「たくさん失敗しろ」

横田理事長は、本宮さん、三浦さんに対し、ずっと付き添い細かく指導するようなことはありませんでした。困ったときや相談を受けたときに少しアドバイスをする程度でした。

その理由を「若者はフットワークがいいし、やることに対しごちゃごちゃ言わないと決めていた。ずっと横にいれば、『それはダメだ』と言ってしまう。そうすれば、どんどん標準タイプになってしまい、力が出せない。力を発揮させるようにした。クレームが来ても、俺のところで止める。失敗も含めて経験で、それによって力がついてくる」と話します。「たくさん失敗したらいい」という考えなのです。

例えば、本宮さんから、取り組もうとしていることについて、学校の理解が得られそうにないと相談されたことがありました。その際は、誰に話をしたのかなどの状況を聞き、担当の先生だけではなく教頭先生にも話を通してアドバイスもらった方がいい、といったことを助言しました。

地域では、物事を進める上で、話を通すべき人の順番があったり、突破口となる人物がいたりしますが、来たばかりのよそ者には把握しづらいことが多いです。そうした点をフォローしていると言えます。地域住民の横田理事長と、よそ者である本宮さん、三浦さんは信頼関係を持ちながら立ち上がったばかりのＮＰＯの運営に取り組んでいきました。

（3）行政、経済界も含めた応援体制

ビジネスプランコンテストの直接の運営者は、これまで述べてきたようにてごねっと石見ですが、決して、てごねっと石見だけで行っているのではありません。江津市役所、江津商工会議所、桜江町商工会、日本海信用金庫という地元の行政、経済界の５団体がチームを結成し、コンテストの運営から起業希望者の支援を一貫して行うことで、実績につ

ながっています。（表３）

例えば、プランの相談窓口は５団体が受け付けますし、収支計画や資金計画の相談には商工会議所と商工会、信金が応じます。市が信用保証料、利子の補助、店舗改装費、創業資金の補助を行い、実際に信金が融資を行うなど、連携をとっています。

結果的にビジネスプランコンテストで大賞を受賞した人はもちろん、大賞は逃しても起業するケースが増えています。例えば、２０１４年のコンテストで最終審査まで残った女性は、２０１５年の夏、プランで示していた自然派ベーカリーをオープンさせました。プランに対し、江津市のＵＩターン起業者対象の補助金や信金の融資、商工会議所の経営指導の支援を実際に受けました。

さらに、このベーカリーの店舗は、市の空き家バンクに登録されていた古い蔵を改装して作り上げることになり、過去のビジネスプランコンテスト受賞者やてごねっと石見のスタッフなどさまざまな協力者が集まり、空き家の改装作業自体を「リノベーションキャンプ」としてイベント化し、完成させました。地元住民や建築デザイン会社、専門学校生などをどんどん巻き込んでいき、総勢１００人以上が集まることになり、そのことがさらにオープン前からお店のファンをつくることにもつながったと言います。

こうした体制も含めて、住民や支援機関が有機的につながり、よそ者を応援するまちができているのです。

表３　ビジネスプランコンテストの支援態勢と役割分担

支援メニュー	市	NPO	商工会議所	商工会	信金
プランの相談窓口	○	○	○	○	○
収支計画、資金計画の相談			◎	◎	◎
チャレンジショップ事業			○		
創業塾の開催			○	○	
信用保証料、利子の補助	◎				
店舗改装費、創業資金の補助	◎				
融資					◎
ネットワークづくり	○	◎			

（4）有期雇用による入れ替わり

本宮さんは3年、三浦さんは2年勤めた後、てごねっと石見のスタッフからは卒業しました。2人の後任には、新しいIターン人材が着任しました。現在はIターン者2人を含めた11人がスタッフとして働いており、UIターン者の受け皿にもなっています。

千葉県からIターンしてきた男性は、初めて降り立った江津の駅前は人気がなくて真っ暗で廃墟のような街という印象だったといいますが、そのときに三浦さんをはじめとした江津の個性的で面白い人々20人くらいに会い「東京にいても簡単には会えないような超一流に、なぜか島根の田舎で、しかもこの短期間に会えてしまった」という衝撃が大きく、不便でも江津市に移住したのだと言います。また、江津市で学んだことを自分の地元で生かしたいと就職した群馬県からのIターン女性もスタッフにいます。

図8　てごねっと石見のスタッフと中川哉さん（右）

横田理事長は「(移住者に対し）定住しろとかは言ってない。ここは勉強するステージだ、無期雇用じゃなくて有期雇用だと言っている。無期雇用で毎年賃金を出していく方法を考えていかないといけないような場では、固まってしまう」と話します。

4　よそ者と住民の変化

ここまで紹介してきたように、ビジネスプランコンテストやてごねっと石見の設立をきっかけに、駅前開発に伴う商店街活性化の動きも加速し、空き店舗活用による起業や開業が増えてきました。あらためてこの間の出来事をまとめるとともに、その変化のプロセスを順に追っていきたいと思います。

（1）住民が本気になる

本宮さん、三浦さんが「江津のため」と一生懸命に動く姿を見て、てごねっと石見の理事の藤田貴子さんは「地元に住む私たちも何かしたい」と心が揺さぶられました。理事であり、ＪＲ江津駅前の44店舗が加盟する江津万葉の里商店会メンバーでもありました。ちょうどその頃、募集があった全国商店街支援センターの現地マネージャー育成事業があったことから、思い切って手を挙げました。そして、空き店舗の調査に最初に取りかかりました。空き店舗があると言いながら、どこがどう空いているのか知らないことに気付いたからでした。市の商工会とともに一軒一軒訪ね、持ち主にもヒアリングしました。それぞれの建物は古いながらも味があり、レトロな魅力も感じていたのですが、使っていない期間が長いだけに、汚れが目立ったり、商品がほこりをかぶっていたりで、ここで商売をしたいと感じられる状況ではなかったのでした。

どうすれば、人が使いたい、使わせたいという雰囲気が生まれるのか、悩んだ末に思いついたのが、内覧会も兼ねたイベントの開催でした。イベントに使うという名目で、とにかくシャッターを開けてもらい、一緒に店内を掃除し、窓を磨きました。そうすると、大がかりに改装しなくても、十分きれいになりました。夜でも見学を受け入れたり、準備を進めたりできるよう、商店会で月２００円程度の電気代を負担。商店会と外部の人を巻き込んだ実行委員会を立ち上げ、折り込みチラシといった他人任せの集客方法は避け、知人、友人に丁寧に声をかけました。こうして実現した第１回の「てつなぎ市」は、市内外から６００人という予想を上回る人出でにぎわいました。しかも、これまでほとんど見かけなかった若者やよそ者がたくさん訪れたことで、企画によっては人が来るのだと共有されたことが大きかったのです。

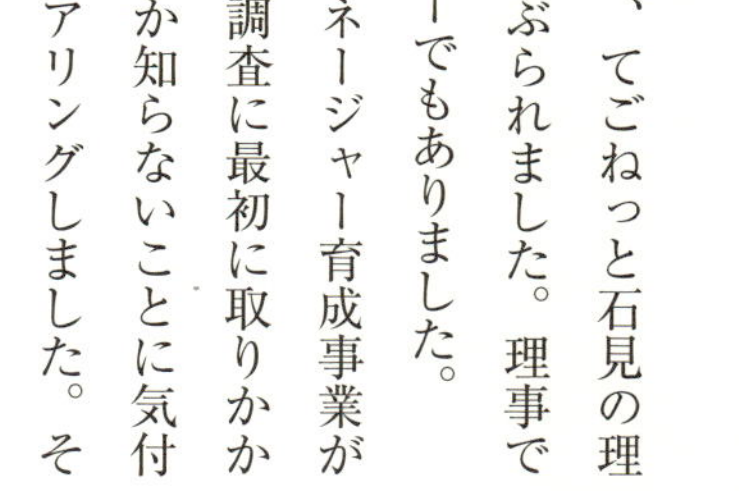

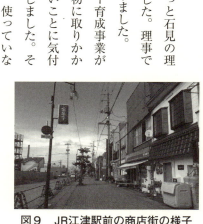

図９　JR江津駅前の商店街の様子

（2）52Ｂａｒで出店が加速

２０１２年、藤田さんは無事に現地マネージャーに就任しました。商店街の再生に向けて動きだそうとすると、てごねっと石見のスタッフだった三浦さんに、一緒に活動する仲間はいないのかと問われました。考えてみれば、仲間がいませんでした。そこで、三浦さんとともに仲間づくりから始めようと、万葉の里商店会の若いメンバーに声を掛け、青年部を立ち上げ、「52Ｂａｒ」をオープンしたのです。

わかりやすい成功例が見えたことで、相談が増え、「自分もお店を出したい」「空き店舗はないか」と相談が増え、空き店舗の間取りや雰囲気を熟知する藤田さんが、相談者のニーズを聞きながら物件を紹介していく流れができました。

図10　52 Barの店内

実は、52Ｂａｒのデザインを手掛けた平下さんは、藤田さんの弟でした。藤田さんが「江津が変わろうとしているから早く帰ってきて」としつこいほど声を掛けてＵターンしてきたという経緯があります。平下さんの手で、街がかっこよく変わっていき、この街で出店したいという雰囲気を加速させました。

例えば、万葉の里商店会の「あけぼの食堂」は、駅前で生まれ育ち、実家が弁当屋だった地域の男性が、青年部として52Ｂａｒにも関わったこともあり、一念発起して開業しました。どんどん寂れていくまちに心が痛み、かねてから活気を取り戻したいと思っていたそうです。土産物を売る「あけぼの商店」も2店舗目として開店させました。

並行するように、ミニシアターや夜市、朝市、写真展など、地域でのイベントが増えていき、活気が戻ってきました。

こうして立ち退きでの移転も含め、使える可能性がある22店舗すべてが埋まっていったのです。横田理事長は「（店舗を）貸さなかったところが、貸してくれるようになった。地域の住民が変わったからできた。よそ者が地域という水たまりに石を投げて、変化のきっかけになり、その変化が動きとして結び付いている。地域の人がやらない限り、継続と成長はない」と言います。

実際に、52Ｂａｒもオープンした当初はクレームも含めてさまざまな声がたくさん寄せられましたが、動きが見えてくるうちに協力するようになり、最終的に52Ｂａｒの店舗も譲ってもらうことになりました。２０１７年春、チャレンジショップなどをも兼ねた形でリニューアルオープンする予定で、現在工事中です。

駅前以外でも、市の空き家バンクに登録物件がある市全域で、古い蔵がカフェに、古民家がゲストハウスにそれぞれ生まれ変わるなど、空き家を地域資源として活用することが根付いています。

(3) 続く協働

てごねっと石見を卒業した本宮さんと三浦さんは２０１７年1月現在、てごねっと石見の理事として名を連ねており、尾野さんとともに引き続きてごねっと石見に関わりながら、アドバイスをしています。市役所の中川さんも、２人について、当初は「ずっと江津にいてくれたら良い」と思っていたそうですが、途中からは「仕組みを残してくれさえすれば良い」と思うようになったと言います。「江津に住まなくても、住んでいる人以上に力を貸してもらえてありがたい。彼らはネットワーク持っているし、トレンドや江津市に必要なことを教えてくれる。自分も価値観が変わってくる」として、今でもてごねっと石見の理事として活動している2人を頼りにしてともにチャレンジを続けています。

一方、てごねっと石見は、ビジネスプランコンテストの運営を続けながら、駅前に新しく完成した公共施設の指定管理という新しい事業を受託しました。この運営も含めた駅前活性部と、ビジネスプランコンテストの企画運営を含めた創業支援部、人材育成部の3部門があります。２０１７年度は、駅前公共施設を拠点に市民大学を立ち上げ、住民が学

表４　江津市の主な出来事

2006年	空き家バンク制度を始める
2010年	第１回江津市ビジネスプランコンテスト開始
2011年	NPO法人てごねっと石見設立 本宮理恵さんが江津市にＩターン 三浦大紀さんが隣の浜田市にＵターン
2012年	平下茂親さんが江津市にＵターン、デザインオフィスを起業 駅前商店街の空き店舗調査が始まる 52barオープン
2014年	三浦さんが起業し、シマネプロモーションを設立 山口さん夫婦がビジネスプランコンテストで受賞
2015年	22の空き店舗が埋まる
2016年	山口さんが起業し、石見麦酒の製造をスタート JR江津市駅前の交流施設がオープン

び続けることができる場をつくろうという計画も動きだしています。

藤田さんは、本宮さんや三浦さんなどのよそ者をスターにたとえて「スターがいた時代もあって、打ち上げ花火も大事だが、でもスターは居続けられるわけではないので、自分たちがやらなきゃいけない。スターのおかげで、自分たちが変わった。やったらできると分かった」と話します。

横田理事長も、藤田さんのような地域のリーダーを育て、本宮さん、三浦さんのようなスター的なよそ者と共存していくのが大事だと考えています。地域づくりの主体は住民ではありますが、よそ者とともに創る、がキーワードになっています。

これまでの江津市の流れと動きをあらためてまとめておきます。（表４）

Ⅳ　多様なよそ者

Ⅲでは、多様なよそ者が活躍している江津市の様子を紹介しました。本章では、これを踏まえて登場したよそ者の特徴を整理してみたいと思います。

1　移動パターンでみる4種類のよそ者

民俗学者の赤坂憲雄は、地域に関わるよそ者を、空間移動から見て6つに分類しました（注1）。①一時的に交渉をもつ漂流民、②定住民でありつつ、一時的に他集団を訪れる来訪者、③永続的な定着を志向する移住者、④秩序の周縁部に位置づけられたマージナル・マン、⑤外なる世界からの帰郷者、⑥境外の民としてのバルバロス、です。

これと江津市で登場してきたよそ者と照らし合わせると、てごねっと石見のスタッフとして働いた三浦大紀さんと空間デザイナーの平下茂親さんはUターン者であり帰郷者、石見麦酒の山口さん夫婦はIターン者であり移住者となります。尾野さんは、二地域居住の実践者で来訪者に当てはまるでしょう。

本宮理恵さんは、3年間、江津市に居住した後に離れています。風の人と言えると思いますが、風の人は、赤坂の分類では、どれにも当てはまらないと考えられます。来訪者と移住者の側面も持ち併せてはいるものの、永続的な定着を志向する移住者とは言えず、また、来訪者の定義である「定住民でありつつ、一時的に他集団を訪れる」と照らしても

（注1）赤坂憲雄『異人論序説』筑摩書房、1992年、18〜19頁参照。

成立しないからです。そこで、風の人は、⑦他集団から訪れて一時的に居住し、また別の他集団へと移動する、としたいと思います。**図1**は、これらの空間移動をわかりやすく示した赤坂の図を元に、筆者が加筆したものです。

これに基づき、江津市の事例で登場した5人のよそ者をあらためて一覧表でまとめてみます（**表1**）。

2　よそ者が住民に火を付ける

こうして江津市の事例を見ると、ＩターンやＵターン、二地域居住、風の人と多様なよそ者が地域と関わり、それぞれ地域にインパクトを与えていたことがわかります。その与えたインパクトの中でも、特に注目したいものがあります。地域住民の主体性を引き出し、やる気や本気に火を付ける、というインパクトです。

江津市の藤田さんがやればできると思えるよう

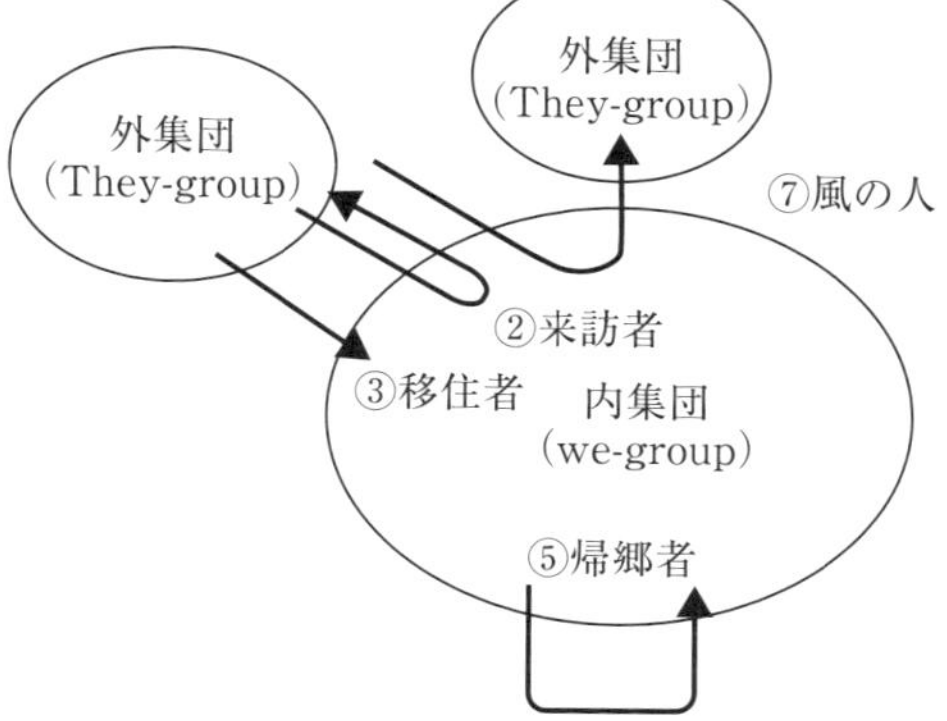

図１空間移動から見たよそ者

（赤坂憲雄『異人論序説』筑摩書房、1992年、20頁に筆者加筆修正）

表１　江津市の事例で登場したよそ者

名前	関わり方	類型
本宮理恵さん	江津市にＩターンし、現在は県内の他の自治体に居住。	風の人
三浦大紀さん	江津市の隣接市にＵターンし、起業。	Ｕターン
平下茂親さん	江津市にＵターンし、江津市で起業。	Ｕターン
山口梓さん	浜田市にＩターンし、江津市で起業。	Ｉターン
尾野寛明さん	江津市の隣町と東京の二地域居住で、江津市に通う。	二地域居住

になったから自分たちがやるという趣旨の発言をしていることは、当事者として諦めることなく課題解決に挑戦するというやる気や覚悟を持っていったという住民の意識の変化だと考えることができます。同様に、あけぼの食堂をオープンした男性もそうでしょう。考えてみれば、海士町でも、山内町長は岩本さんらの本気に影響を受けたとコメントしていますし、高校教員や地元の住民が諦めずに自分たちが頑張らないといけないと感じるようになったと述べています。

Iでも紹介したように、これまで農山村では、人口の減少に伴い、地域住民の諦めや意識の後退が大きな課題として指摘されていました。それを踏まえると、この変化は大きなものであり、重要であると考えられます。

3　学び、成長するよそ者

また、江津市の5人の活動に着目すると、いずれも地域と地域をつなぐ活動をしており、全員がソーシャル・イノベーターであるとみてよいと思います。

そして、それぞれの人は提示された課題に共感して、その地域に移住してきていました。地域課題の解決に挑戦する意思があったということです。さらに、それが単なる地域への貢献や役に立ちたいというだけではなく、自分自身の関心・問題意識とすり合わせて、それとずれない地域を選んでいました。地域のためという姿勢だけでは困難に直面した際に乗り越えられずに長続きが難しいと考えられます。一方で自分の関心や問題意識だけあってもそれが地域の課題でなければ解決に取り組む必要もありません。自分と地域が重なっているからこそ、自分が本気になることができ、その本気さが地域住民を揺さぶることにつながったのだと考えられるのではないでしょうか。

Iで指摘したように、全員が、地域の課題解決と自分自身の関心を両立させ、地域と自らが「ウィンウィン」である関係を目指す新しいよそ者であると言ってよいでしょう。

また、同じように共通していたのは、地域から学ぶという姿勢です。地域課題を解決する、つまり、実際に物事を動かしていくには、地域住民に信頼される必要があり、地域住民から素直に学ぶ姿勢が欠かせません。江津市の三浦さんも当初は経験やスキルが十分とは言えませんでしたが、商店街の活性化やてごねっと石見での実践を経て、シマネプロモーションというプランを改善し、実際の起業につなげていきました。海士町の岩本さんについても、地域で物事を進めるためにどうふるまったらいいかを住民から学び、吸収していきました。

言い方を変えれば、よそ者はスキルや人間的に完成された、いわゆる「完璧な」人材である必要はないと言うことができます。よそ者は住民から学び、成長していくのです。

4　風の人のポテンシャル

風の人は、まだ新しい存在ですが、可能性を秘めた存在であることも、指摘しておきたいと思います。「住む」と「去る」という、この2つを兼ね備えることで、よそ者として最大限にインパクトが出せる可能性があると考えられるからです。

まず、住むということで地域の実情を知り、実現可能な解決策や提案がしやすくなります。一般的に考えれば、来訪者として通っているだけではどうしても地域の実情は肌で感じにくい面があります。住むことで、実情がわかり、地域の人の信頼が得られやすいという利点もあります。ただ、住んでいるだけでは、時間が経過するにつれて、同化というベクトルに向かいやすくなります。同化する前に去る。逆に言えば、去るからこそ、同化しなくてもよいし、思い切った解決策の提案といったことが可能になると言うこともできます。風の人は、来訪者と、移住者の「いいとこどり」ができる存在だと位置づけることができるのかもしれません。

V　よそ者との新しい農山村の創り方

Ⅳでは、ⅡとⅢで紹介した現場での事例を踏まえて、農山村に移住してきているよそ者の特徴を整理しました。本章では、こうしたよそ者に農山村の住民側がどうやって向き合えばよいのか、地域側に求められる条件について、考えていきたいと思います。ポイントとなる5つについて、順に説明していきます。

1　住民に求められる5つの条件

(1)　よそ者とともにチャレンジする姿勢

地域づくりの現場では、ときに「地元の住民でなければ地域づくりに関わる資格がない」とでも言わんばかりの態度を住民側がとることがあります。しかし、人口が減り、担い手が減り続ける中では、狭い意味での地域住民の力だけに頼っていても限界があります。地域の課題解決に関心があるというよそ者はたくさんいますので、地域づくりの仲間として迎え入れて、一緒にチャレンジしてほしいと思います。

しかし、忘れてはいけないのは、あくまで主体となるのは住民であるということです。たとえスーパーマンのような能力と人間性を兼ね備えたよそ者が1人移住したからといって、それだけで地域が変わるわけではありませんし、仮に成功しても長続きはしません。地域の住民が「自分たちがやるんだ」という気持ちで主体性を持ちながら、よそ者と一緒にチャレンジし続けるという姿勢が大切です。

（2）「関わりしろ」となる地域課題を見つける

よそ者と一緒にチャレンジする上で欠かせないのが、地域にはどのような解決すべき課題があるのかを住民が把握するということです。その課題が、よそ者にとっては「自分が関わるべきテーマ」、つまり、「関わりしろ」になると言うことができます。これまでも繰り返し、地域の課題と自分の関心が一致している新しいよそ者が登場していることに触れてきました。そういう新しいよそ者にとっては、地域の課題＝関わりしろが見えていることが大切であり、見えているからこそ、その地域を選んでやってきます。「何でも好きなことをしてくれていいから、とにかく来て」ではダメなのです。

自分の地域の課題がよくわからないという場合は、課題の発見からよそ者に手伝ってもらって、一緒に発見していくというパターンもできると思います。地域課題を否定的にのみとらえる必要はありません。

（3）よそ者を応援する

関わりしろとなる地域課題を示して、よそ者がやってきたとします。そこから必要となるのは、よそ者を応援することです。（2）でも触れたように、よそ者は自分自身の関心を持った上で、地域の課題を解決したいという思いを持っています。やる気や思いは十分にあるのですから、それを踏まえてどうしたら実現につながるのか、住民がサポートすることが欠かせません。地域では、物事を進める上で、話を通すべき人の順番があったり、突破口となる人物がいたりしますが、実情がわからないよそ者には把握しづらいことが多いです。そうした点をフォローしてあげることで動きやすくなります。

よそ者に対し、無条件で地域への同化を求めるのではなく、よそ者の思いを受け止め、やりたいことを応援する。その過程でよそ者は成長し、結果的に課題の解決につながることになります。地域がよそ者を育てるのです。

（4）よそ者から学ぶ

（3）でよそ者を応援すると書きましたが、これだけでは、住民側の「上から目線」になりかねません。応援することと同じくらい大切なことが、住民もよそ者から学ぶということです。よそ者は、違う土地からやってきて、基本的にその土地の住民とは違う文化や知識を持っています。だからこそ、住民にとって日常の当たり前や常識が揺さぶられ、新たな発見や気付きにつながるのです。そのためには、よそ者が発するいい意味での違和感や斬新なアイデアから学ぶという姿勢である必要があります。そのことがこれまで解決できなかった課題の解決へのヒントになることは少なくありません。

「そんなことは常識外れだ」「この地域ではありえない」といった否定や思い込みを捨て、よそ者の意見にまずは耳を傾けてみましょう。それを実際に受け入れて実行に移すかどうかは、また後で判断すればよいと思います。

（5）定住にこだわりすぎない

もちろん、定住することそのものを否定するわけではありませんし、結果としてよそ者がその地域を気に入り、定住してくれることはうれしいことです。

ただ、Ⅲで紹介したように、海士町の岩本さんが端的に「初めから『いつまでいるのか』『骨を埋める覚悟はあるのか』とか言うような人たちばかりだったら、若い移住者は来ないですよ」と述べていることは、とても重要だと思います。これは、定住を求めすぎない、こだわりすぎないということを意味していると思います。人生にはさまざまな事情やハプニングがつきもので、定住したくてもできない人もいるでしょう。定住することだけに価値を置きすぎてしまうと、定住はできないが地域に関わりたい、課題解決に貢献したい、という人たちを排除してしまうことになりかねません。定住にこだわりすぎないという柔軟性を持つことが、結果的に地域の可能性を広げることにつながります。

このように5つのポイントを整理してみました。

海士町でも江津市でも、地域の住民はよそ者と単に交流していたのではなく、「関わりしろ」を提示し、そこに共感するよそ者を探し、募ったことで、よそ者が集まってきていました。地域課題は一般的にマイナスに受け取られがちですが、地域の課題に関わりたいという新しいよそ者が登場しているという現状を踏まえれば、実は課題こそが関わりしろであり、地域の資源であるとも捉えることができます。

また、関わりしろは時間の経過とともに変わります。当初、関わりしろとして提示された課題は解決されても常に地域には他の課題も存在していますので、他の課題をまた新しい関わりしろとして提示し、そこに共感した新しいよそ者がやってくるというサイクルができることにもなります。

人口減少に加え、社会が成熟して価値観の多様化が進む中で、分かりやすい「成功の方程式」を見つけることは簡単ではありません。また、一度挑戦し成功すればそれで終わりということもありません。

そこで重要になるのは、チャレンジをするという行為自体であり、それを不断に続けるということではないでしょうか。チャレンジの積み重ねの中からしか、成功は生まれません。海士町も江津市もそうでした。逆説的かもしれませんが、農山村再生のためには、農山村再生を目指したより多くの挑戦が起きるということが欠かせません。

それを可能にするのが、よそ者たちの存在であると言うことができます。海士町、江津市で共通して、住民はよそ者たちの本気や懸命な姿に触れる中で、地域に暮らす自分たちが当事者性を持って課題に向き合う必要性があることに気付き、奮い立ち、よそ者とともに課題の解決にチャレンジしていきました。よそ者が地域住民をエンパワーメントしたと言い換えてもいいかもしれません。

狭い意味での地域の住民だけで、日常の中で地域の資源に気付いたり、解決案を導き出したりすること、そして、本気になって課題の解決にチャレンジし続けることは、簡単ではありません。地域を構成する人口が減り、同質性が高まる構図の中では、よりその傾向は強まると言ってよいでしょう。

だからこそ、地域がよそ者を受け入れ、よそ者とともに学び、ともに成長する。この過程こそが地域づくりであり、その積み重ねが、地域を再生させ、持続可能なものにすることにつながるのだと思います。

2 「共創」と「関係人口」

最後に、よそ者と新しい農山村を創る戦略について考え、新しい農山村の姿を展望してみたいと思います。

まず、海士町と江津市の戦略を、これまで各地で主流として取り組まれてきた交流と定住という視点から見ると、どうなるでしょうか。

観光も含めた交流は、よそ者が地域を訪れ、地域への理解を深めることにはつながるものの、よそ者が地域の課題解決に直接的に関わることは基本的に想定されていません。イベント交流などが、住民の無償労働によって成り立つ構図になりやすく、「交流疲れ」という現象が報告されていることもあります（注1）。

海士町も江津市も行っていたのは、交流のための交流ではありませんでした。地域課題を意識した関わりしろを提示した上で、その関わりしろに共感し、ともにチャレンジしてくれるよそ者を探す手段としての交流だったと言えます。

一方で、定住のみを強く押し出していたわけでもありません。海士町の受け入れ姿勢については岩本さんが、江津市については本宮さんが証言している通りです。

特に海士町は商品開発研修生や学習センターに代表されるように、よそ者に対してチャレンジの場を提供することが基本スタンスであり、その結果、２００４年から２０１４年度末までの11年間で４８３人がＩターンしてきました。江津市のビジネスプランコンテストも同じように、自分の関心や問題意識を江津という地域で挑戦し、実現させたい人が応募してくる仕組みだと言うことができます。

よそ者に対して「定住しないなら意味がない」と考えたり、「定住しないなら地域に関わる資格はない」と排除したりするのではなく、よそ者に「来てくれてありがとう」と対等に向き合い、ともにチャレンジする地域の在り方だと言えます。

この新しい在り方は、交流や定住というこれまでの考え方をバージョンアップさせた、よそ者と農山村の「共創」と名付けてもよいのではないかと思います。

さらに政策目標として掲げられてきた、交流人口、定住人口という言葉と対応させて考えてみると、「関係人口」という考え方だととらえることができるのではないでしょうか。関係人口は、地域と関わるということを示す新しい概念で、近年、急速に注目されています。

例えば、東北食べる通信編集長の高橋博之は「観光は一過性で地域の底力にはつながらないし、定住はハードルが高い。

（注1）交流の形態や交流疲れ現象については、森戸哲「都市と農村の共生を考える：交流活動の現場から」『農村計画学会誌』20（3）、2001、170〜174頁に詳しい。

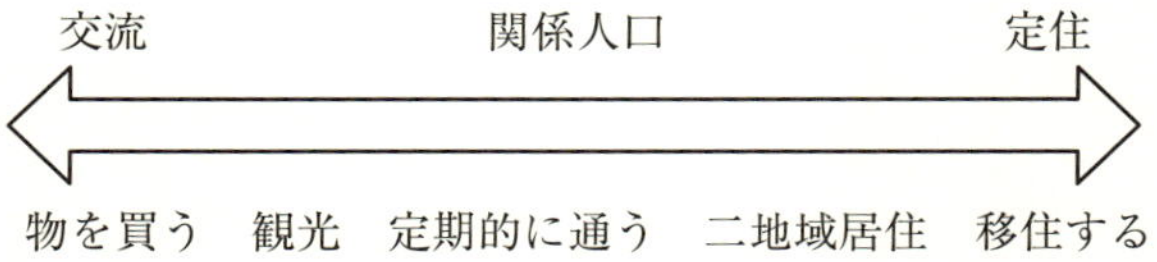

図1　関係人口の考え方

私はその間を狙えと常々言っている」「交流人口と定住人口の間に眠る「関係人口」を掘り起こすのだ」として「関係性が生み出す力をいかに地域に引き込むか」と訴えています(注2)。

雑誌『ソトコト』の編集長である指出一正も、これまでは定住人口と交流人口のどちらかに政策の重きを置くかが行政の視点であったが、最近は「地域に関わってくれる人口」である「関係人口」が新しく生まれており、この関係人口が地方の未来を開くキーワードであると指摘しています(注3)。その上で、関係人口は、交流人口と違って積極的に地域の人たちと関わり、その社会的な足跡や効果を「見える化」しているとして、地域のシェアハウスに住んで行政と協働でまちづくりのイベントを企画・運営するディレクタータイプや、東京でその地域のPRをするときに活躍してくれる都市と地方を結ぶハブ的存在、また、都会暮らしをしながら、地方にも拠点を持つ「ダブルローカル」を実践する人など多様な姿を紹介しています。

関係人口には、これまでの交流人口と定住人口も含まれ、また、本書では触れませんでしたが、例えばその地域の特産品を応援し、購入することも大きく含まれると考えます（**図1**）。

見方を変えれば、これまでは農山村に関わりたいと考える都市の若者、つまりよそ者にとって、農山村への関わり方は、交流するか、または移住・定住するしかなく、二者択一しかなかったと言ってもよいでしょう。しかし、もっと多様な関わり方や貢献がしたいという人は、増えてきています。関係人口という新しい概念が広がれば、よそ者と地域の関わり方の回路が増えると言い換えることもできます。

多様なよそ者と関わりながら、ともに地域課題の解決へのチャレンジを続ける。これこそが、人口減少という新しい時代を迎えた中での目指すべき農山村の姿であり、その先に再生という結果が見えてくるのではないでしょうか。

【参考文献】
（1）赤坂憲雄『異人論序説』筑摩書房、1992年。
（2）小田切徳美『農山村は消滅しない』岩波書店、2014年。
（3）小田切徳美・筒井一伸『田園回帰の過去・現在・未来――移住者と創る新しい農山村』農山漁村文化協会、2016年。
（4）かがり火「島でこそグローバルな世界で活躍できる人が育つ――海士町に移住した二人の青年の会話」『かがり火』152号、2013年。
（5）指出一正『ぼくらは地方で幸せを見つける　ソトコト流ローカル再生論』ポプラ社、2016年。
（6）図司直也「若者はなぜ農山村に向かうのか――『里山』資源が生み出すなりわいづくりの可能性」『地域開発』、2014年。
（7）高橋博之『都市と地方をかきまぜる「食べる通信」の奇跡』光文社、2016年。
（8）田中輝美・藤代裕之研究室『地域ではたらく「風の人」という新しい選択』ハーベスト出版、2015年。
（9）中国新聞社編『中国山地（下）』未来社、1968年。
（10）筒井一伸・嵩和雄・佐久間康富、『移住者の地域起業による農山村再生』筑波書房、2014年。
（11）増田寛也『地方消滅』中公新社、2014年。
（12）松永桂子・尾野寛明編著『ローカルに生きるソーシャルに働く』農山漁村文化協会、2016年。
（13）山内道雄・岩本悠・田中輝美『未来を変えた島の学校――隠岐島前発ふるさと再興への挑戦』岩波書店、2015年。
（14）山下祐介『地方消滅の罠――「増田レポート」と人口減少社会の正体』ちくま新書、2014年。

（注2）高橋博之『都市と地方をかきまぜる「食べる通信」の奇跡』光文社、2016年、107～108頁参照。
（注3）指出一正『ぼくらは地方で幸せを見つける　ソトコト流ローカル再生論』ポプラ社、2016年。

〈私の読み方〉「よそ者」「風の人」と農山村再生

小田切徳美

1　新しい研究会と著者

本書は、ＪＣ総研「都市・農村共生社会創造研究会」（２０１６年4月発足）の研究成果シリーズのひとつとして刊行されている。この研究会は、２０１３年度に発足した「農山村の新しいかたち研究会」を継承しつつ、タイトルにある「共生社会創造」に目的を一歩踏み出している。それは、前身の研究会の成果としての6冊の著作（①図司直也『地域サポート人材による農山村再生』２０１４年3月、②中塚雅也・内平隆之『大学・大学生と農山村再生』２０１４年3月、③筒井一伸・嵩和雄・佐久間康富『移住者の地域起業による農山村再生』２０１４年9月、④岸上光克『廃校利活用による農山村再生』２０１５年1月、⑤西山未真『農村と都市を結ぶソーシャルビジネスによる農山村再生』２０１５年11月、⑥橋口卓也『中山間直接支払制度と農山村再生』２０１６年5月）により、農山村の新しいかたち、すなわち農山村再生の方向が部分的ながらも明らかになったことを踏まえて、より大きな視野で、都市と農山村の新しい関係を、様々な局面から分析し、展望することを目的としている。別の言葉で言えば、「ポスト農山村再生」を意識した研究会である。

本書は、まさにその第1号としてふさわしい内容を有している。その意味を監修者（小田切、以下同じ）なりに解題するに先立ち、著者の田中輝美氏を紹介しよう。田中氏は生まれ育った島根に住み、そこを主な取材対象とし、自らを「ローカル・ジャーナリスト」と名乗る。それは、メディアこそが大都市集中傾向を強めているのに対して、地方に住み、地方の情報を発信することをミッションとすることを含意している。田中氏は「暮らしているからこそ、伝えられることがある」と言う。東京に拠点を置くメディアやジャーナリストが地方を描くとき、どうしても「旅人」として訪れて「非日常」を描きがちになる。そうではなく、「地方の日常や営みをリアルに知るからこそ可能になる地方からの発信にチャレンジしたい」と語る。そこには、ローカル・ジャーナリストが各地で活躍すれば、地方の情報が循環し、本シリーズのテーマでもある地方と都市が共生する社会づくりにつながるのではないかという思いがある。

そうした田中氏のアプローチの特徴は、なによりも島根県内の事例にこだわり、その事例を反復取材する点にある。既に『地域ではたらく「風の人」という新しい選択』(法政大学・藤代裕之研究室との共著、ハーベスト出版、２０１５年）を著しており、監修者はこの書籍を読み、感銘し、地元紙（山陰中央新報）に次のように紹介したことがある。

本書では、島根県内で活躍するこれらの若者が、それぞれなぜ「風」を選択したのかをインタビューにより迫っている。登場する7人は、まさに「風」のように都市と地方を行き来して、時には「土の人」と衝突し、苦悩し、起き上がり、再び前進する状況を活写する。その証言は驚くほど正直であり、彼らの内面やその変化をリアルに描き出すことに成功している。

例えば、海士町における高校魅力化を主導した岩本さんは、「ゼロから一を立ち上げる段階は好きだが、一を二や三にする過程は得意でないし、興味がわかない」と言う。それこそが「風の人」の本音であり、むしろ彼らの役割であることを教えている。本書には、こうした、リアリティに溢れる言葉が惜しげもなくちりばめられている。(『山陰中央新報』２０１６年1月10日・書評欄の抜粋)

今回の新著は、この書籍の続編に相当して、「風の人」や「よそ者」のさらなる取材を、海士町と江津市の両者について継続し、それを分析したものである。ローカル・ジャーナリストとしての取材の蓄積をここからも知ることができよう。

２　「風の人」「よそ者」「関係人口」

本書のメリットのひとつは、「『風の人』と『土の人』」としばしば表現される「風の人」、そして、「若者、ばか者、よそ者」と言われる「(新しい）よそ者」を定義し、位置づけたことである。

「風の人」と「新しいよそ者」は同義ではない。両者は包含関係にある。著者は、「新しいよそ者」と表現できる移住者が最近ではしばしば見られ、それは「自分のみ、地域のみという一方通行の関係性ではなく、地域の課題解決と自分自身の関心が両立する、地域と自らが『ウィンウィン』である関係を目指す」移住者のことだとする。そして、この「新しいよそ者」の一部に「風の人」が位置付き、「地域に新しい視点を持ち込み、やがて去るという、特性と空間移動に主眼を置いている」と定義している。

つまり、「風の人」とは、①都市から農山村に移住する人々であり（移住者）、②地域の課題解決と両立するような自らの仕事づくりを行い（新しいよそ者）、③その目的が達成されると移住先から転出することもあるような者（風の人）と位置づけられる。そして、本書で登場する海士町でも江津市でも、確かにその定義にぴったりと一致する「風の人」が見られ、活躍している。いずれも、地域の定住にはこだわっていない点が特徴である。

このように整理されると、いろいろなことが見えてくる。例えば、地域おこし協力隊はその多くが「新しいよそ者」を目指すものであるが、しかしその中には3年後の任期終了後、地域への定住を必ずしも望まない者も確かにいる。それは、「『風の人』型協力隊」と言え、その意義を積極的認めるべきであろう。

また、本書の後半では、著者は「関係人口」という概念も強調している。引用されているように、この概念は『ソトコト』編集長の指出一正氏（『ぼくらは地方で幸せを見つける』、ポプラ新書、２０１６年）をはじめ多くの地域関係者により、最近使われるようになった言葉である。それは、様々な深さの志、地域へのかかわりがあるにもかかわらず、あえて「関係する」という条件で包括した概念であろう。

以上のことを監修者の知見も踏まえて、模式図化したのが、図である。図中の下部にある点線より上のすべての領域に「関係人口」が当てはまり、ここには、地域の特産品を購入するだけの人から定住し、深く地域の貢献にかかわる人まで、すべてを含む。また、階段状に示しているように、一般的には地域定住志向が強まって、はじめて地域との関わりは深くなるが、「風の人」のようにそもそも定住を目指さずに、地域と深い関わりをする者もいる。こうした人々にとっては、例えば、本書の中で江津市の本宮理恵さんが「UIターン支援は定住しなさいってすごいプレッシャーがあるけど、でも江津はここでしっかり経験して、羽ばたいてほしいって感じがあった」と言うように、むしろ定住を押しつけないことに価値があることを示している。

つまり、この図の中でどこに重点を置いて、移住・交流促進にかかわるかは、まさに地域の戦略である。地方創生の動きの中で、図中の右上の「定住」ばかりを、しかも極めて短期に成果を出すことを狙う定住対策が目立っているが、そうではない拡がりとプロセスがあることを本書の分析は物語っているのである。

3　ビジネスコンテストと地域

本書の特徴は、事例分析の紙幅で見れば、あえて海士町―3割、江津市―7割としていることにもある。その意図は、著者が別の書籍（山内道雄・岩本悠・田中輝美『未来を変えた島の学校―隠岐島前発ふるさと再興への挑戦―』岩波書店、2015年）でも既に詳しく紹介した海士町の例では、「『あれは、離島だからできた』『あそこには、あの人がいたからできた』などと一地域の特殊な事例として扱われ、他地域では再現性がないと受け止められることも少なくない」からとされている。

確かに、地方創生をめぐる議論は、その「成功事例」として取り上げられるのは、海士町や徳島県神山町などのごく限られた地域に集中しており、それが紹介されればされるほど、成功要因が地域の中いわゆる「スーパー・ヒーロー」の存在に還元される傾向が強まっているように思われる。そのような状況は、せっかくの地域の挑戦のいわゆる「横展開」を妨げることとなろう。

それに対して、江津市の取り組みは、そのビジネスコンテスト（以下、「ビジコン」）の存在は広く知られてはいるものの、実際そこで何が行っているのかについては、沢山の紹介があるわけではない。徹底した取材による、「スーパー・ヒーロー」還元論ではない、全体構図の解明こそが、著者の腕の見せ所だったと言えよう。

そこでは、まさにビジコンを通じて移住してきた若者の実態とその活動の状況、それをめぐる地域の対応が活写されており、期待以上の成果を見ることができる。特に、印象的なことは、ビジコン経由での移住者がいろいろな主体と多様なネットワークを形成していることである。それは、新規移住者、先輩移住者、地元住民、ＮＰＯ（てごねっと石見）、

図　「風の人」「よそ者」と「関係人口」

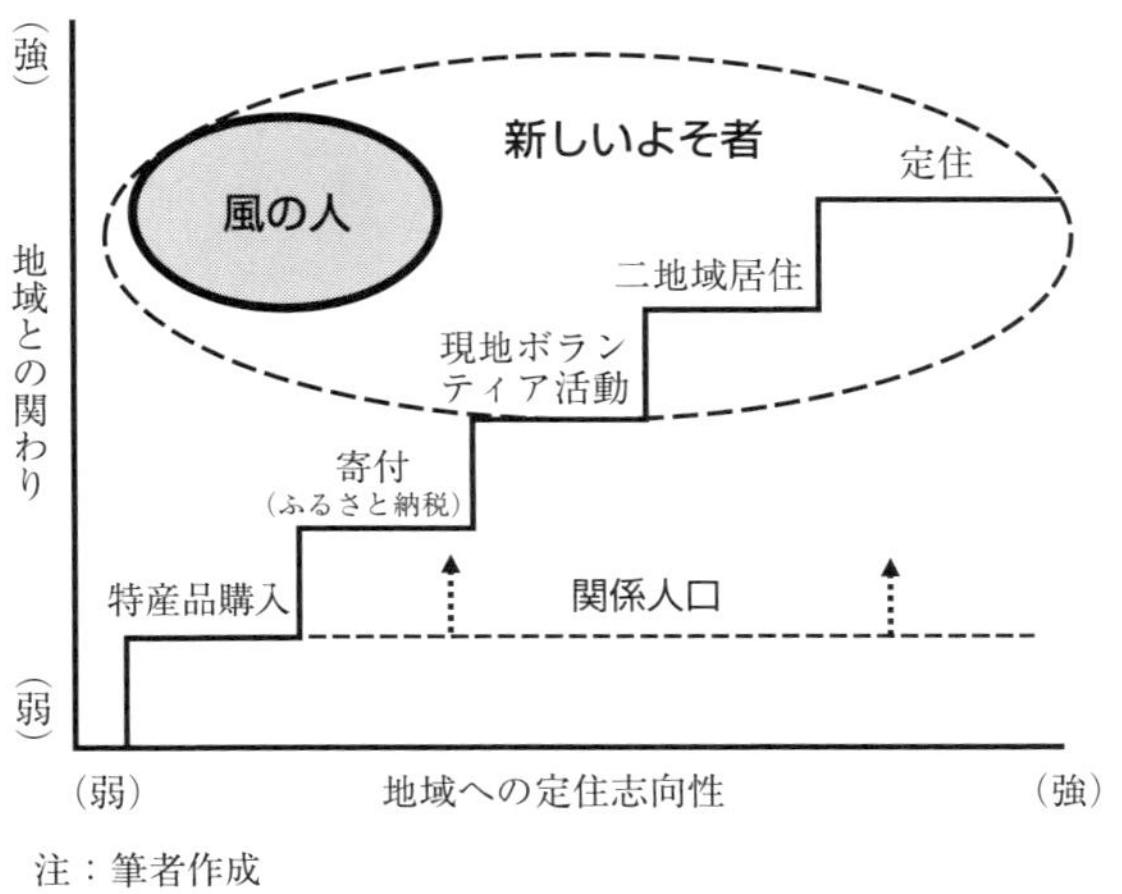

注：筆者作成

関係組織（行政や経済団体）の5者の相互関係が積み重なり、あたかも「ネットワークの束」のようなものが出来上がり、それが地域の起業環境を高めている様子がうかがわれる。

ビジコンをめぐっては、この江津市の事例が農村における先発事例（都市部のビジコンは古くから存在する）となり、他の地域でも取り組まれている。しかし、必ずしも、江津市のような成果が上げられていないのが現実である。それは、ビジコンというイベントだけまねても、その基層部分にある、「ネットワークの束」が形成できていないためであろう。

こうした状況を踏まえて、再度、著者が地元視点でこの協働関係を捉え直している点も、本書のポイントである。「主語」を地域に戻して語られた、①よそ者とともにチャレンジする、②「関わりしろ」となる地域課題を見つける、③よそ者を応援する、④よそ者から学ぶという原則の一般性はかなり高い。移住者やそのチャレンジを追跡しつつ、最後はやはり地元のあり方として捉えるのは、ローカル・ジャーナリストとしての著者ならではの視点であろう。

4．おわりに――「賑やかな過疎」へ

本書を読了して、頭に浮かんだのは、「にぎやかな過疎」という表現である。これは、テレビ金沢による秀逸なドキュメンタリー（2013年5月放映）のタイトルからの拝借である。そこでは過疎化した集落における移住者と地元住民の変化が丁寧に記録されていた。同様に、本書で分析された海士町や江津市でも、地元住民が「よそもの」と協働しながら、地域の新しい仕組みが作られている。それは、先の図で示した「関係人口」内の実に多様なカテゴリーのプレイヤーが五月雨的に動き出し、さらに彼らを含めた「ネットワークの束」が徐々に密になりつつあることを意味している。

自然動態がマイナスであるために、地域全体の人口は引き続き減少し、過疎化が進んでいるが、多様な担い手が多様なルートで形成されつつある。こうした「人口減・人材増」、つまり「賑やかな過疎」こそが地方創生の目標であることを、本書は改めて教えてくれる。

次なる課題は、地域を去った「風の人」が「都市も農村も知っている者」として、都市の農村の共生に向けて活躍する可能性の解明であろう。それもまた、ローカル・ジャーナリストならではの仕事として期待したい。

【著者略歴】
田中 輝美［たなか てるみ］
〔略歴〕
ローカルジャーナリスト。島根県浜田市生まれ。大阪大学文学部卒業後、山陰中央新報社入社。報道記者として、政治、医療、教育、地域づくり、定住・UIターンなど幅広い分野を担当した。琉球新報社との合同企画「環（めぐ）りの海―竹島と尖閣」で2013年日本新聞協会賞を受賞。一般社団法人・日本ジャーナリスト教育センター（JCEJ）運営委員。2014年秋、同社を退職し、フリーのローカルジャーナリストとして島根に暮らしながら、地域のニュースを記録、発信している。
〔主要著書〕
『未来を変えた島の学校』岩波書店（2015年）、『地域ではたらく「風の人」という新しい選択』ハーベスト出版（2015年）第29回地方出版文化功労賞受賞、第2回島根本大賞受賞、『ローカル鉄道という希望』河出書房新社（2016年）、第42回交通図書賞奨励賞受賞

【監修者略歴】
小田切 徳美［おだぎり とくみ］
〔略歴〕
明治大学農学部教授（同大農山村政策研究所代表）。1959年、神奈川県生まれ。東京大学大学院農学生命科学研究科博士課程単位取得退学。農学博士。
〔主要著書〕
『農山村再生に挑む』岩波書店（2013年）編著、『農山村は消滅しない』岩波書店（2014年）単著、『世界の田園回帰』農山漁村文化協会（2017年）共編著、他多数

JC総研ブックレット No.19
よそ者と創る新しい農山村

2017年3月31日　第1版第1刷発行

著　者 ◆ 田中 輝美
監修者 ◆ 小田切 徳美
発行人 ◆ 鶴見 治彦
発行所 ◆ 筑波書房
東京都新宿区神楽坂2-19 銀鈴会館 〒162-0825
☎ 03-3267-8599
郵便振替 00150-3-39715
http://www.tsukuba-shobo.co.jp

定価は表紙に表示してあります。
印刷・製本＝平河工業社
ISBN978-4-8119-0504-4　C0036

「JC総研ブックレット」刊行のことば

筑波書房は、人類が遺した文化を、出版という活動を通して後世に伝え、人類がそれを享受することを願って活動しております。１９７９年４月の創立以来、このような信条のもとに食料、環境、生活など農業にかかわる書籍の出版に心がけて参りました。

20世紀は、戦争や恐慌など不幸な事態が繰り返されましたが、60億人を超える世界の人々のうち8億人以上が、飢餓の状況におかれていることも人類の課題となっています。筑波書房はこうした課題に正面から立ち向います。

グローバル化する現代社会は、強者と弱者の格差がいっそう拡大し、不平等をさらに広めています。食料、農業、そして地域の問題も容易に解決できないことが山積みです。そうした意味から弊社は、従来の農業書を中心としながらも、さらに生活文化の発展に欠かせない諸問題をブックレットというかたちで、わかりやすく、読者が手にとりやすい価格で刊行することと致しました。

この「ＪＣ総研ブックレットシリーズ」もその一環として、位置づけるものです。

課題解決をめざし、本シリーズが永きにわたり続くよう、読者、筆者、関係者のご理解とご支援を心からお願い申し上げます。

２０１４年2月

筑波書房

JC総研［JC そうけん］

JC（Japan-Cooperative の略）総研は、JA グループを中心に４つの研究機関が統合したシンクタンク（2013 年 4 月「社団法人 JC 総研」から「一般社団法人 JC 総研」へ移行）。JA 団体の他、漁協・森林組合・生協など協同組合が主要な構成員。

（URL：http://www.jc-so-ken.or.jp）